昆虫学校秘密档案

成群结队大家庭

纸上魔方　编绘

北方妇女儿童出版社
·长春·

神奇的昆虫王国

地球上的昆虫共同组成了一个庞大的家族，这些昆虫四处安家，踪迹几乎遍及全世界各个角落。

我们常见的昆虫体形小巧，却有着异常顽强的生命力。什么原因使得它们经久不亡？它们怎样相亲、找对象？它们怎样享受丰盛的宴席？它们有着哪些奇妙的本领？昆虫世界会不会发生激烈大混战……让我们一同探究神秘的昆虫王国吧！

古时候昆虫长什么样？

地球上最早的昆虫大约出现在距今4亿年前，也就是古生代时期。时光转到中生代，长翅膀的昆虫出现了。据说，原始蜻蜓体格非常健壮，它双翅展开的长度已经超过70厘米。这是因为，当时大地上不仅植物生长旺盛，而且敌对生物种类稀少，如此自然环境十分有利于昆虫的生息繁衍。

但是，漫长的岁月长河里，昆虫的敌人越来越多了，为了躲避种种致命追击，它们逐渐把自己的身体变小了。

昆虫和虫子是一回事吗?

答案显然是否定的，昆虫绝不等于虫子，准确地说，虫子的概念比昆虫大，而且不止大上一点点。我们说蜘蛛是虫子，但它不是昆虫。因为蜘蛛只有脑袋和胸部，它没有肚子，昆虫有肚子；蜘蛛有8条腿，昆虫只有6条腿。

漂亮的虎凤蝶为啥要装死？瓢虫怎样度过寒冷的冬天？黏虫大迁徙有着怎样的危害？飞蛾为啥要扑火……昆虫家族的秘密，你究竟了解多少呢？

昆虫也有自己的王国?

目前世界上已知的昆虫种类超过了100万种，它们堪称是一个庞大的部落。我们最常见到的甲虫，种类就超过了33万种。如果按照进食特点划分，可以把昆虫分为：植食性、肉食性、腐食性、粪食性等类别。

植食性昆虫如：蝗虫、蟋蟀、蝼蛄。

肉食性昆虫如：蚂蚁、螳螂。

腐食性昆虫如：苍蝇。

粪食性昆虫如：粪金龟、蜣螂。

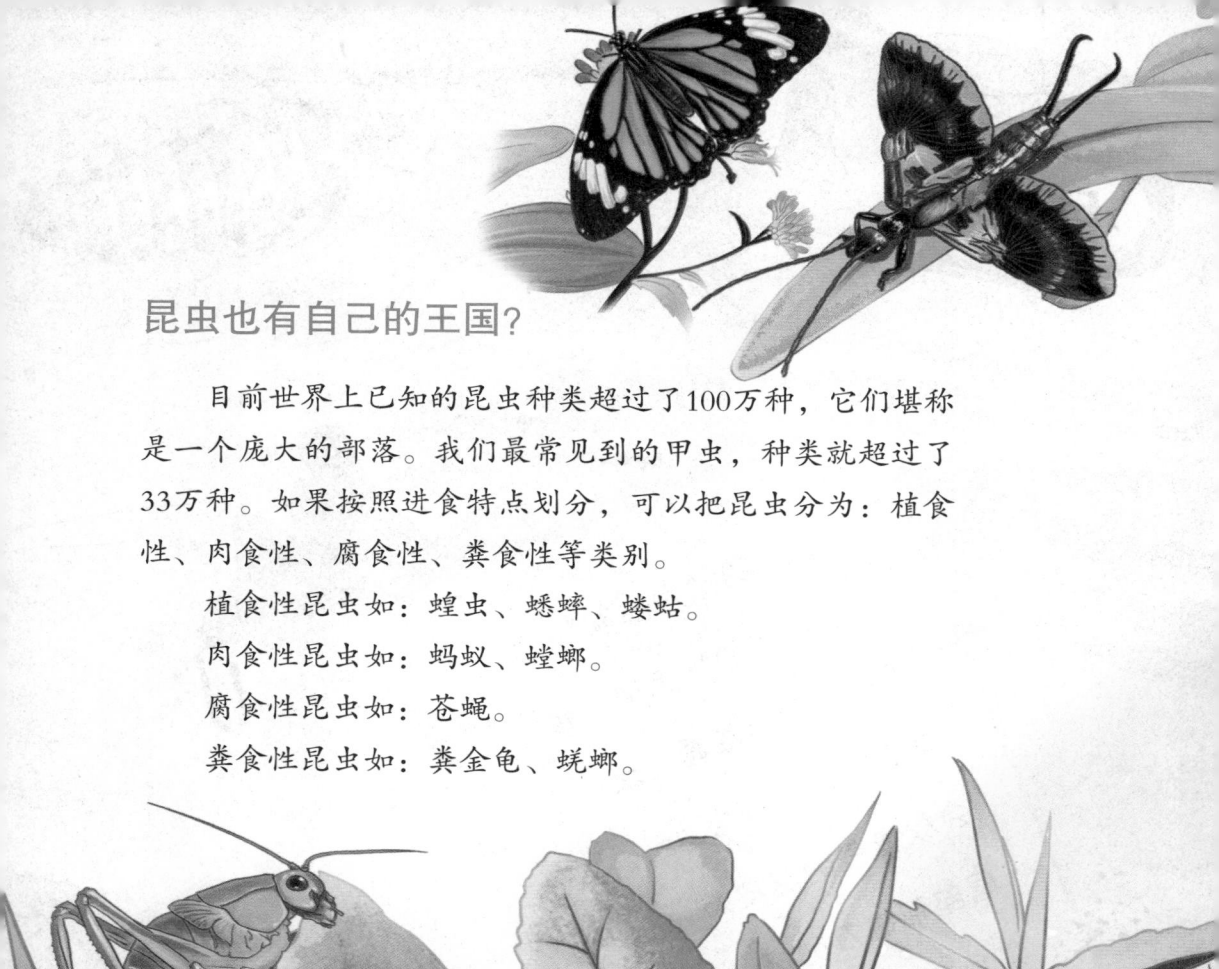

目录

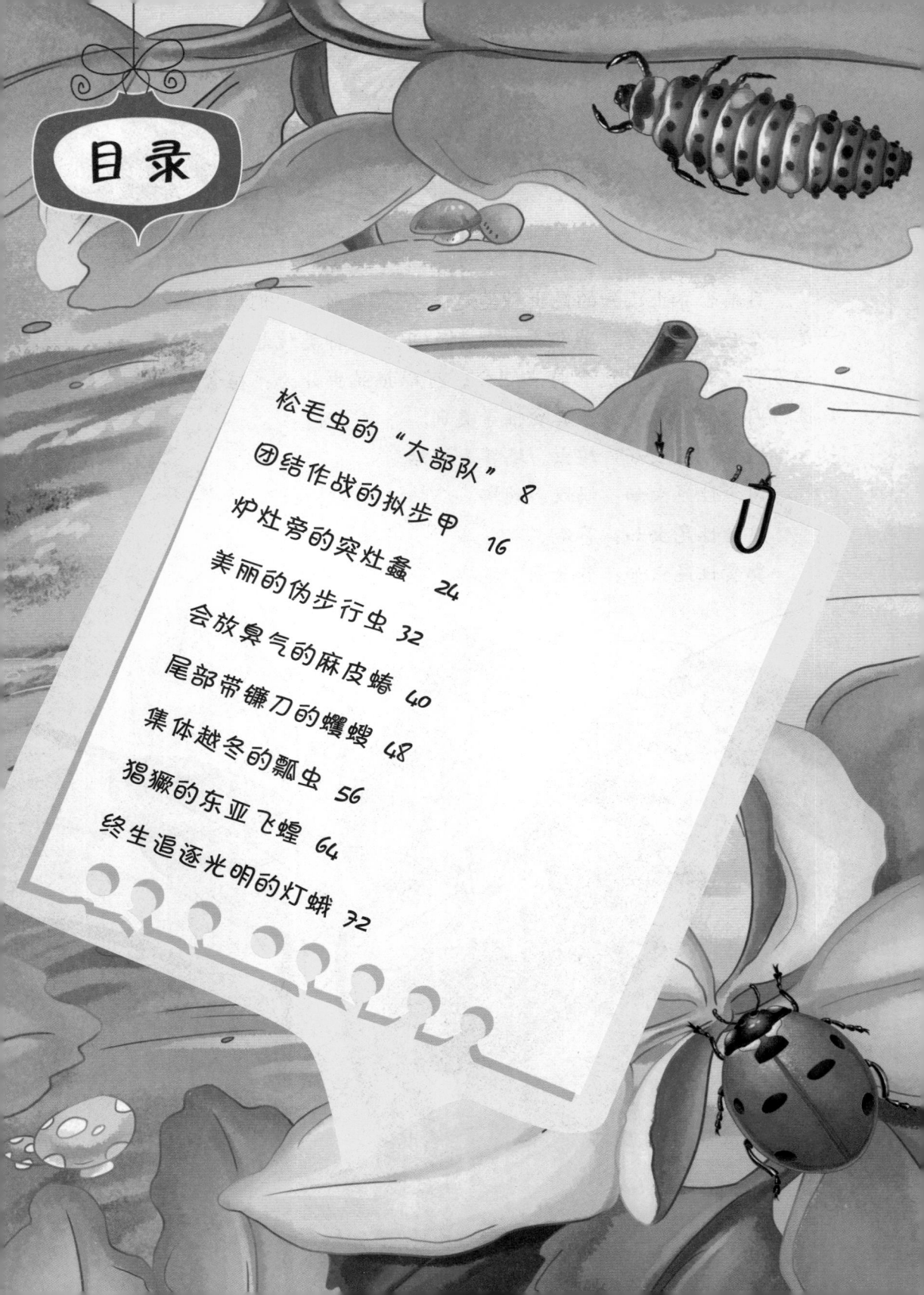

目录

松毛虫的“大部队”

观察笔记

食物：松针

居住地：松树上

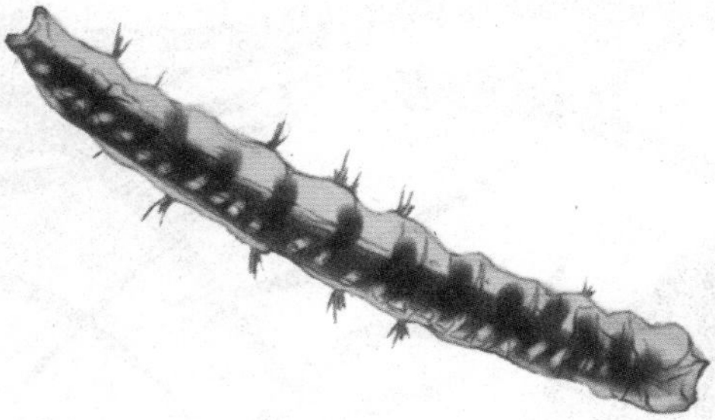

松毛虫，也叫毛虫，是森林中危害最大、分布最广的昆虫。在每年七八月份的时候，如果你仔细观察松树的枝端，会发现一个个很小的白色圆柱。松毛虫的卵就住在这个小圆柱的“巢穴”里。用不上一个月，这些卵就孵化出来了，逐渐长成一个个松毛虫，然后就开始危害松林。

松毛虫在活动的时候，总是以集体的形式出现，就像一支大部队一样。在松毛虫的这支“大部队”中，还有一个“领袖”。这只领头的松毛虫无论往哪个方向走，后面的松毛虫都会跟着。它们始终排成一行，后一只松毛虫的须触到前一只的尾。可见，松毛虫的这支“大部队”还真是整齐呢！

松毛虫“大部队”的“首领”并不是最厉害的，也不是本领最强的，做“首领”完全是出于偶然，今天可能是这一只，明天可能就是另一只。但是，不管领头的是哪一只松毛虫，后面的松毛虫都会紧紧跟随。

松毛虫的“大部队”规模不等，有的可能是十几只，也有的可能是上百只，甚至还有两只松毛虫的队伍。即使这样，它们也仍旧遵从原则，一只紧紧跟在另一只的后面。假如是上百只的队伍，它们就会排成波浪形曲线，浩浩荡荡地前进，场面非常壮观。

松毛虫（成虫）身体构造

触角

雄性松毛虫的触角呈羽状，而雌性松毛虫的触角呈短栉状。

口器

咀嚼式，口须向前伸出，上面覆有鳞片和毛，会蜇人或动物。

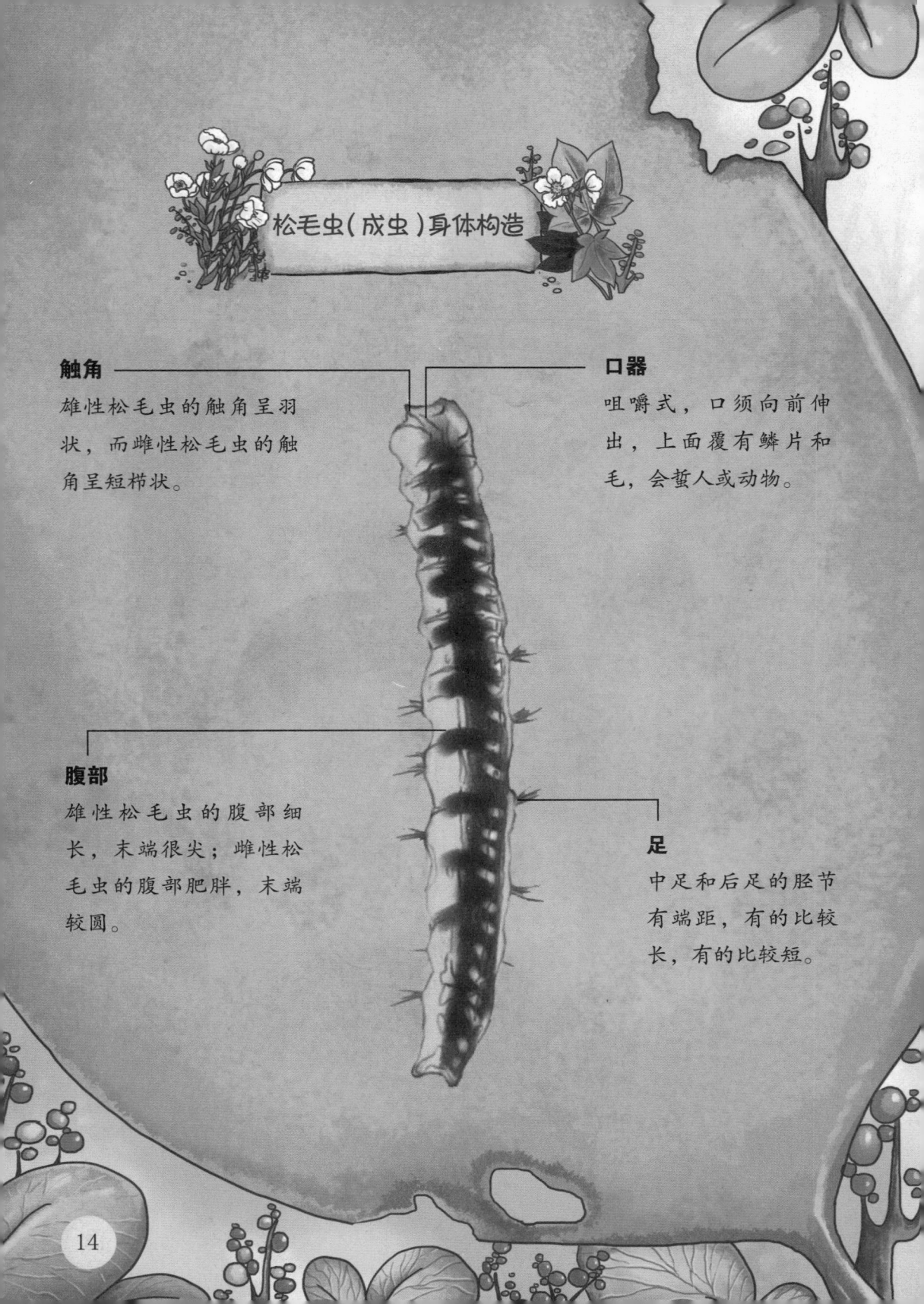

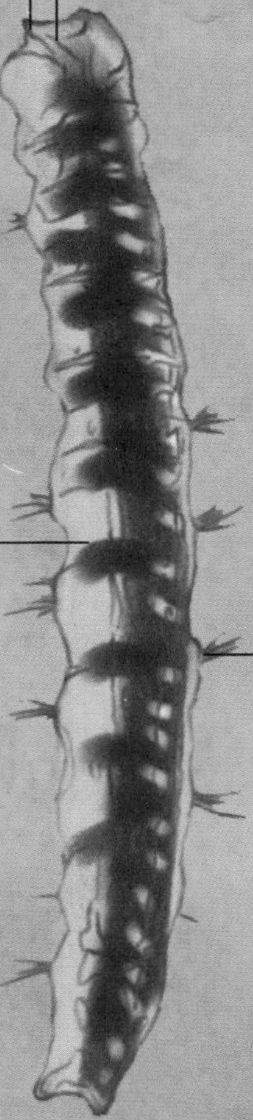

腹部

雄性松毛虫的腹部细长，末端很尖；雌性松毛虫的腹部肥胖，末端较圆。

足

中足和后足的胫节有端距，有的比较长，有的比较短。

请把松毛虫和它的家族准确连线

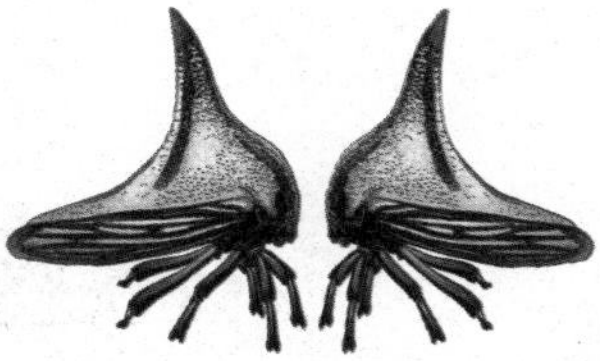

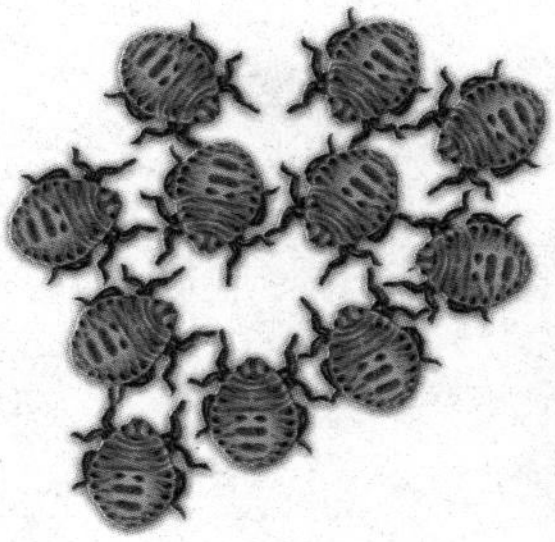

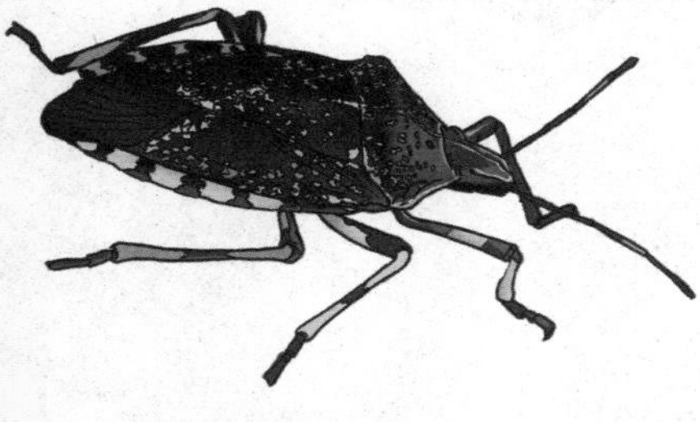

团结作战的拟步甲

观察笔记

食物：新鲜植物、真菌，干燥的生物体

居住地：岩石和松软的树皮下

拟步甲的身体很扁，表面光滑，多数是黑色或暗棕色。它的头部很小，不能飞翔。拟步甲受惊时常常举起身体的后部，分泌一种难闻的油状液来抵御攻击。

拟步甲的适应能力非常强，几乎所有的陆地环境都能适应，在赤道地区的分布最为广泛。有一些拟步甲的身上长着毛，趴在树叶上和正在吃叶子的叶甲非常像。

拟步甲是典型的群居昆虫，常常一大群聚集在一起。这是一种较为理想的生活方式，对它们防御敌害的进攻和捕食是十分有利的。当它们发现大型的快要死亡的动物时，就会成群地拥上去，吸食它们的体液，啃食它们的肌肉，这些快要死亡的动物就会很快死去。这样拟步甲就可以美美地吃上几个月了。

有些种类的拟步甲身体中含有大量的蛋白，矿物质也比较丰富，这还使得它们成了人类的健康食品之一呢！

拟步甲身体构造

触角

触角共有11节，呈棒状、线状或念珠状。

口器

咀嚼式，上颚比较大。

复眼

突出。

足

强壮，对于生活在沙漠中的一些种类来说，便于它们在热沙上奔跑。

翅膀

后翅多退化，不能飞翔。有些种类鞘翅上有斑纹，鞘翅覆盖腹部。有的种类的鞘翅是白色的。

请把拟步甲和它的家族准确连线

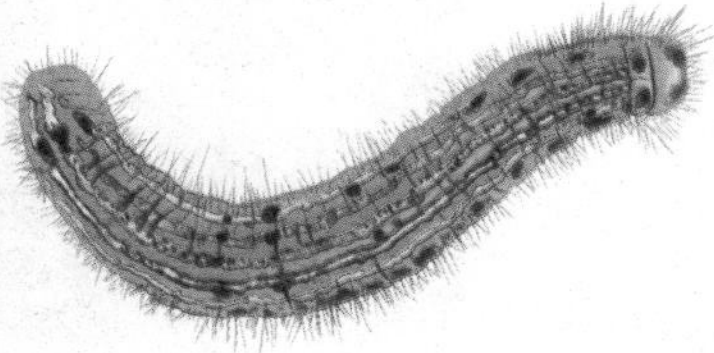

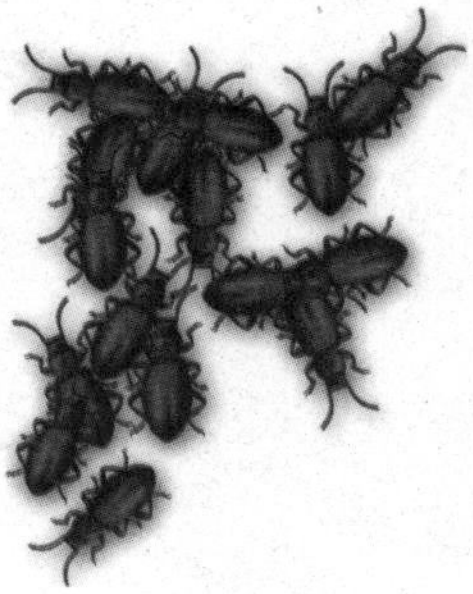

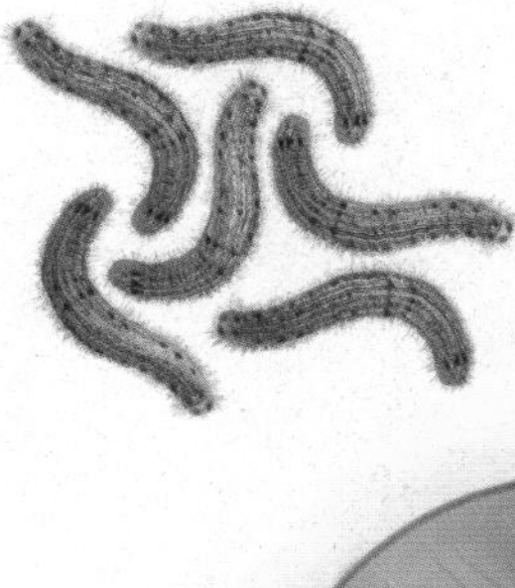

炉灶旁的
灶马

观察笔记

食物：剩菜、植物及小型昆虫

居住地：夏天时常出现在田野里的草石间和土缝间，秋天时待在炉灶等温暖的地方

突灶螽（zhōng）的身体宽大，红褐色与黑褐色相间分布。它的背部隆起，呈驼背状，所以有“驼螽”的称号。翅膀已退化，擅长跳跃。喜欢生活在灶前等温暖的地方，因而也被叫作“灶马”。

突灶螽是杂食性昆虫。此种昆虫的分布很广，在我国的许多地方都可以找到它们的踪影。

突灶螽白天不会轻易现身，因为它们喜欢在天黑之后出来活动。突灶螽是有名的洞窟性和群栖性昆虫。一般都是几只一起活动。

在天气温暖的时候，灶蟋基本上在野外活动，草石间、土缝里都有它们的足迹。天气转凉之后，灶蟋就会成群结队地进入室内，靠近像炉灶这样温暖的地方。当它们一听见响动，便消失得无影无踪。

突灶螽身体构造

触角

特别长，甚至可达到体长的3倍以上，用于辨别方向，感知外物。

翅膀

前部分有弧状的翅脉，后翅已经退化。

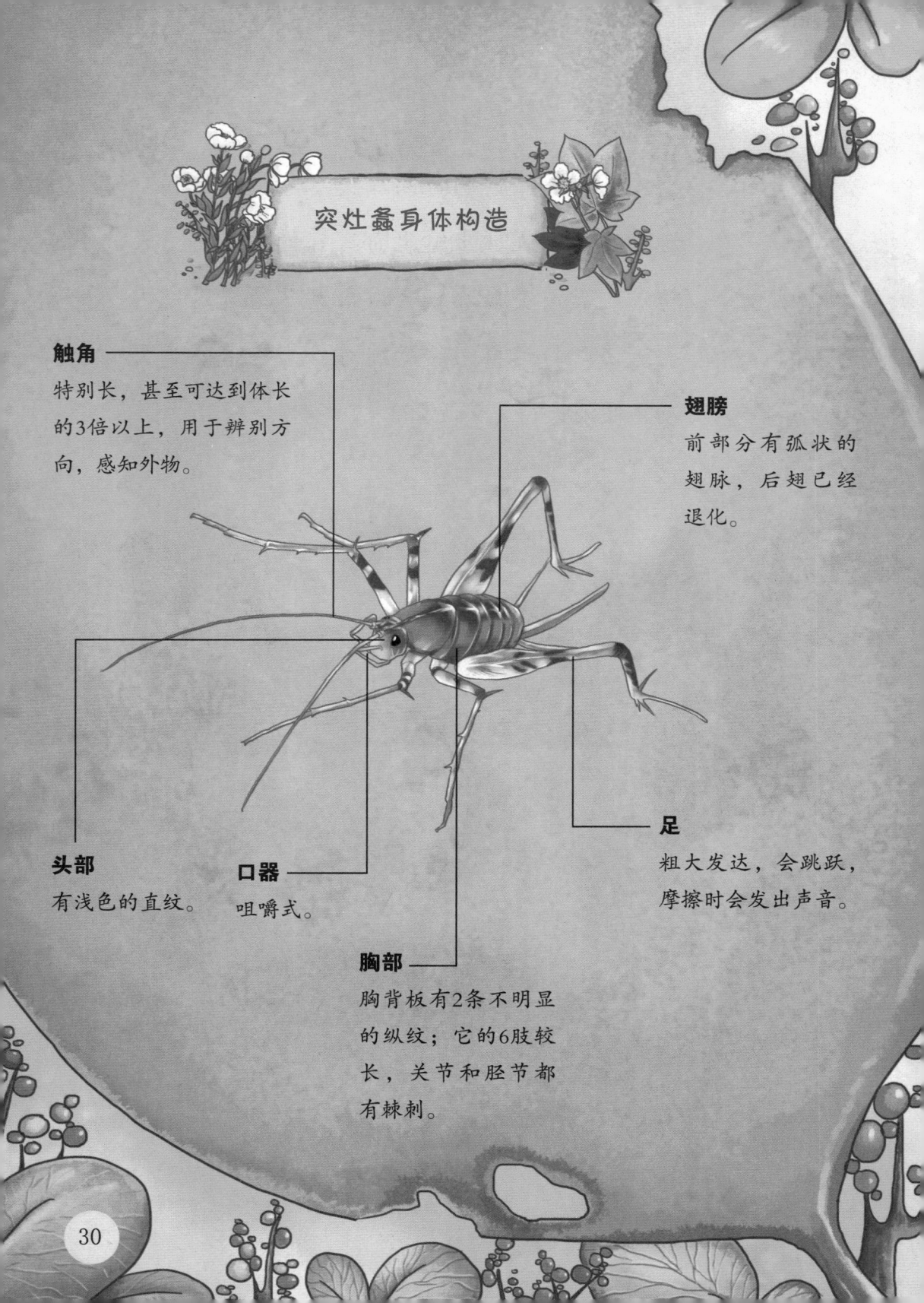

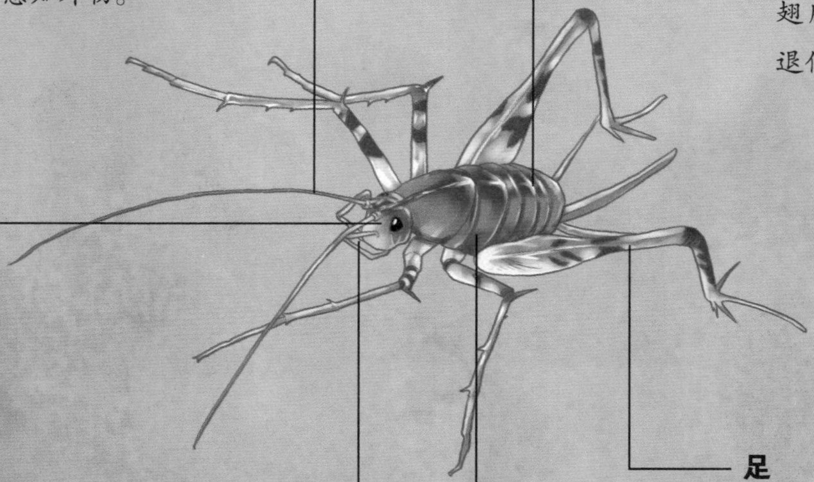

头部

有浅色的直纹。

口器

咀嚼式。

足

粗大发达，会跳跃，摩擦时会发出声音。

胸部

胸背板有2条不明显的纵纹；它的6肢较长，关节和胫节都有棘刺。

请把突灶螽和它的家族准确连线

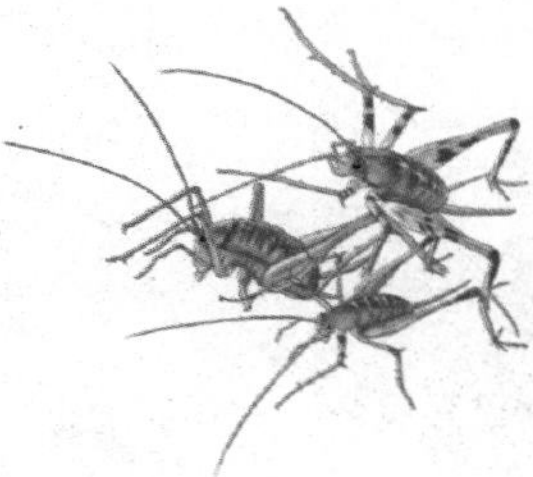

美丽的
伪步行虫

观察笔记

食物：黑木耳，平菇等食用菌

居住地：枯枝落叶中或耳木接地的潮湿处

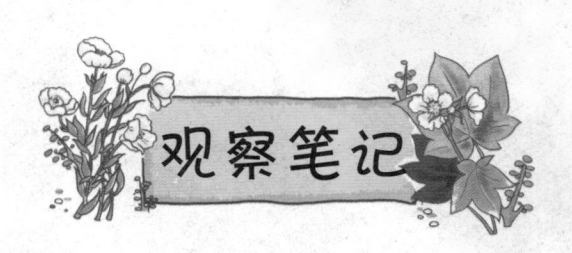

伪步行虫呈长椭圆形，头比较小，一般雌虫体形大于雄虫。身体上的颜色多样，非常美丽。

伪步行虫，也叫黑壳子虫，其幼虫的形状和鱼的体形非常相似，因此叫鱼儿虫。伪步行虫主要危害的是黑木耳。

伪步行虫非常喜欢阴湿的环境，是一种群居的昆虫。在枯枝落叶中或者耳木（耳木是指那些用来栽培黑木耳的圆木）接地的潮湿处，我们经常能看到一大群伪步行虫聚集在一起。

伪步行虫在白天的时候，一般3至5只群集在一起，多的时候可以达到10只以上。而到了晚上，成群的伪步行虫就会一起出来活动，寻找食物。

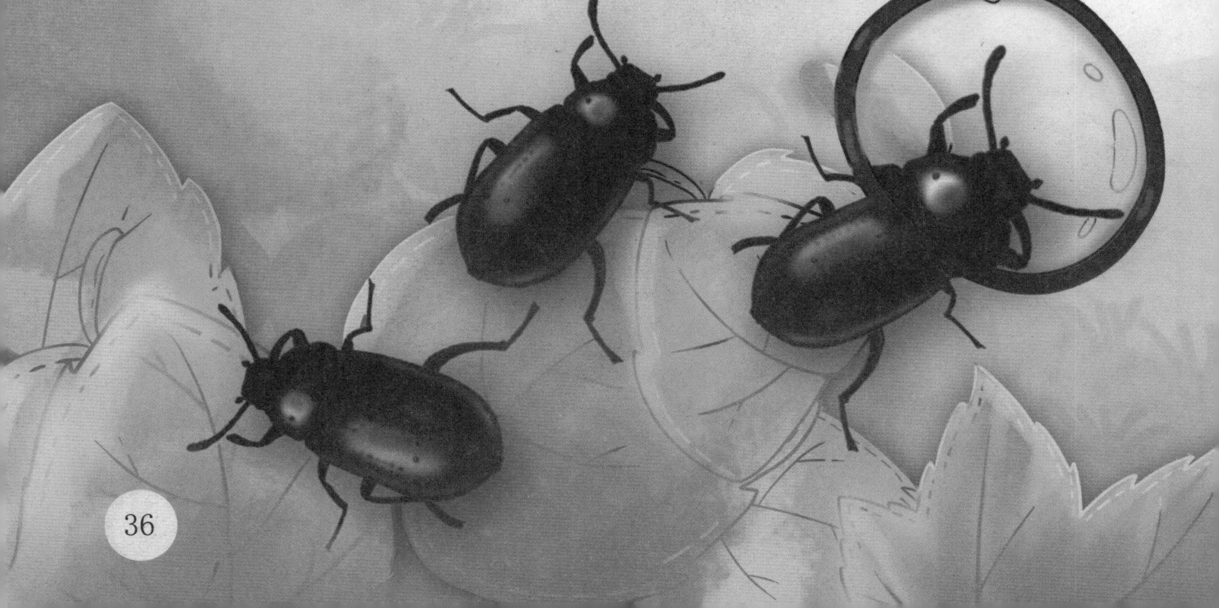

伪步行虫经常从一朵木耳迁移到另一朵木耳，所到之处的木耳都会遭到破坏。天气变冷之后，它们会陆续爬进树洞、石块、土缝、荆棘丛的下部、耳木形成层等处越冬。

伪步行虫身体构造

触角

呈锯齿状，共有11节。

口器

咀嚼式。

复眼

很大，用来视物。

头部

较小，为黑褐色。

腹部

呈黑褐色，腹面5节。

足

有3对儿相同长度的足，各个足的前跗节上都有2个爪子，呈黄褐色。

翅膀

鞘翅闪耀着青、蓝、紫等金属光泽，每一鞘翅上有8条平行的小刻点纵沟。

请把伪步行虫和它的家族准确连线

会放臭气的
麻皮蝽

观察笔记

食物：苹果、柑橘等果树的枝干、茎、叶及果实汁液

居住地：苹果、柑橘等果树的树体上部

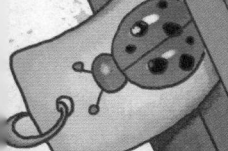

麻皮蝽和椿象一样，身上也有臭腺孔，遇到敌害的时候，就会放出臭气，因此也被称为放屁虫、臭板虫。麻皮蝽吸食树木嫩枝、花果中的汁液，给果树等带来严重的危害。也有少部分麻皮蝽是肉食性的。

麻皮蝽的飞翔能力非常强，喜欢栖息在树上危害树木。

麻皮蝽的大家族性主要体现在幼虫时期和成虫时期。初龄的幼虫通常会一大群聚集在树叶的背面，无论是觅食还是其他活动，总是群集在一起。直到二三龄的时候才会分散活动。

麻皮蝽的成虫也经常群集在一起，常常群居在树木的上部。

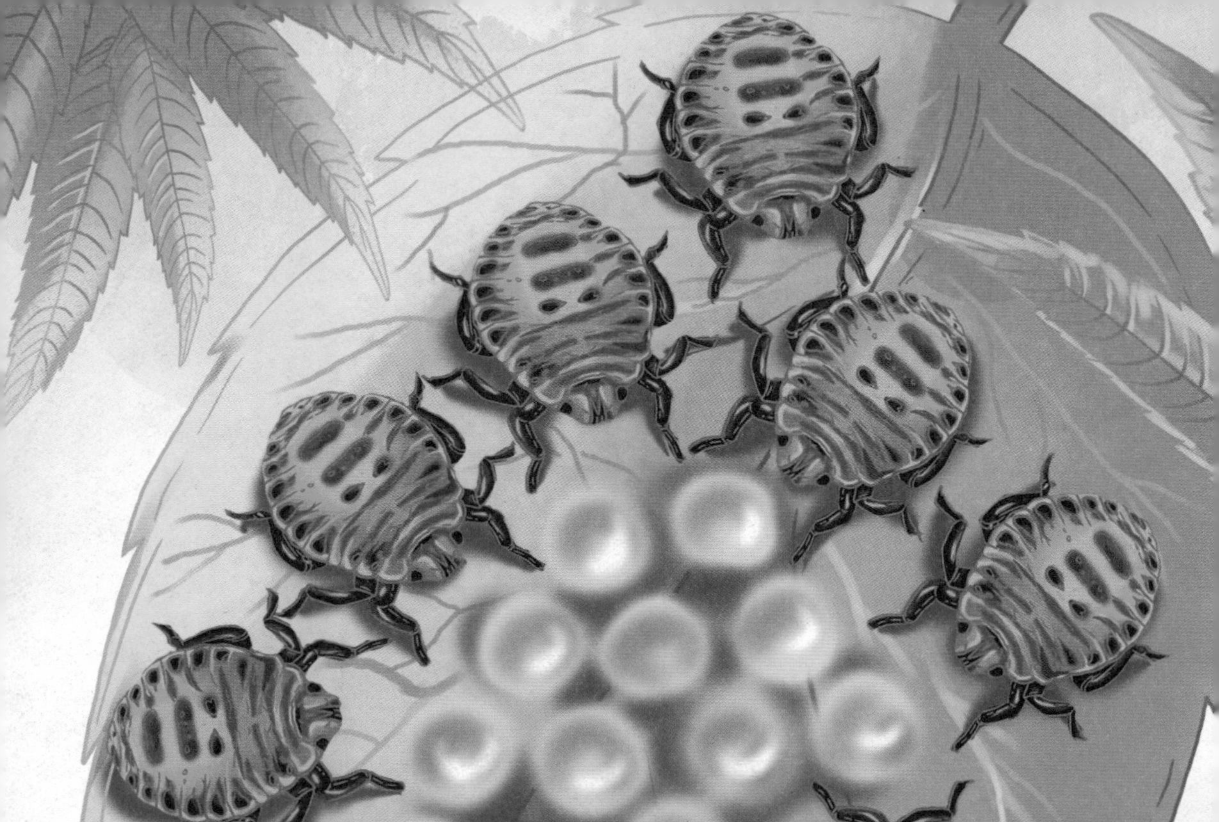

麻皮蝽具有趋光性，晚上看到有光亮的地方，就会飞过去。它们一般会在枯枝落叶、墙壁的缝隙中甚至家禽住的地方等处度过寒冷的冬天。

麻皮蝽身体构造

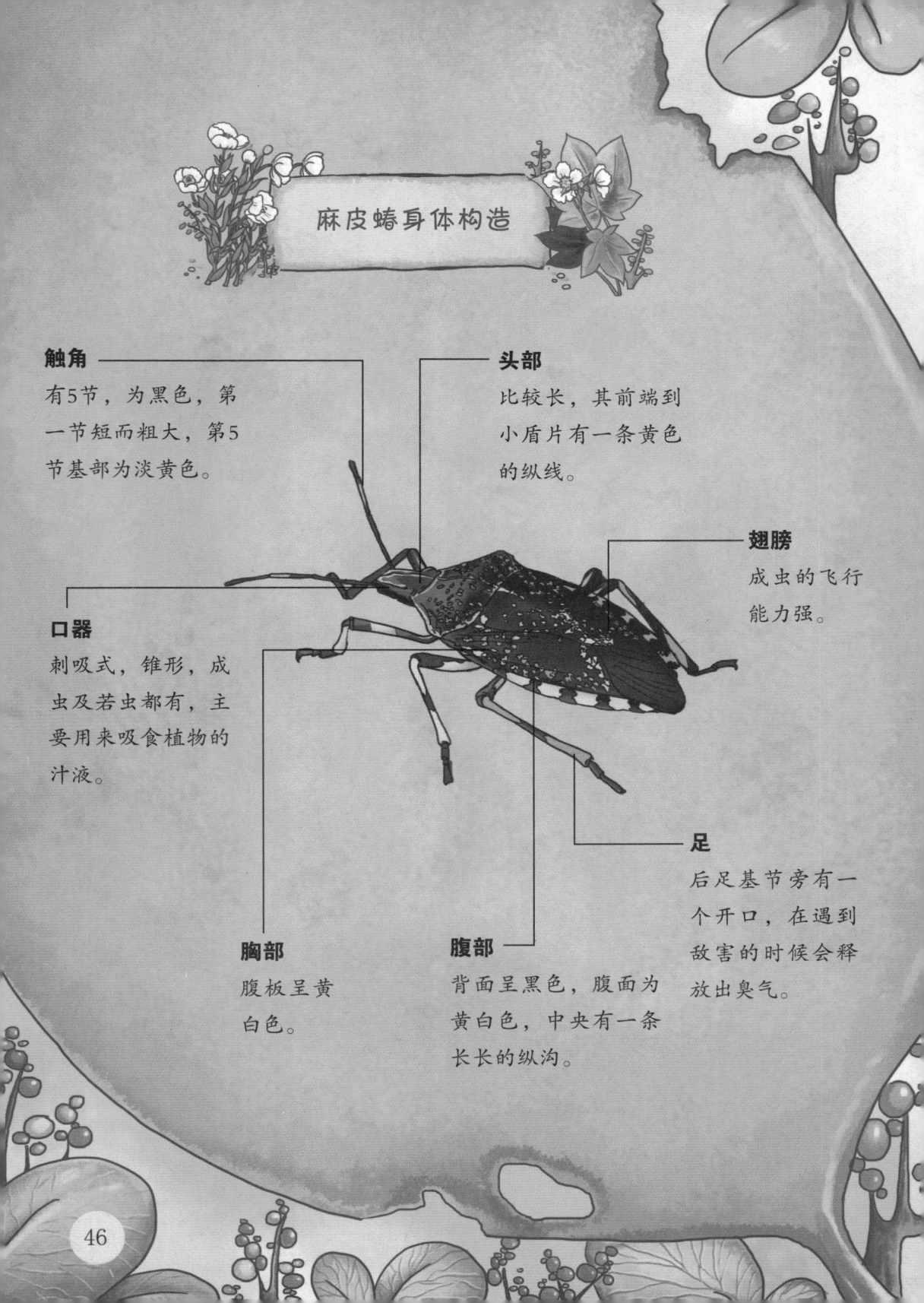

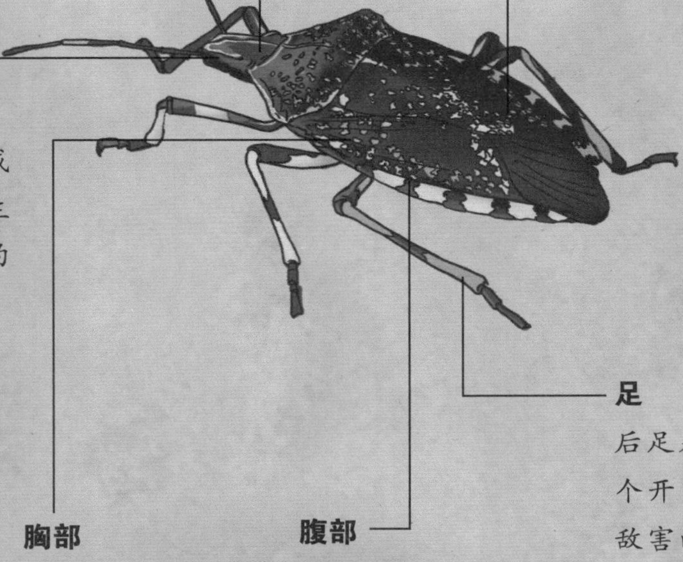

触角

有5节，为黑色，第一节短而粗大，第5节基部为淡黄色。

头部

比较长，其前端到小盾片有一条黄色的纵线。

翅膀

成虫的飞行能力强。

口器

刺吸式，锥形，成虫及若虫都有，主要用来吸食植物的汁液。

足

后足基节旁有一个开口，在遇到敌害的时候会释放出臭气。

胸部

腹板呈黄白色。

腹部

背面呈黑色，腹面为黄白色，中央有一条长长的纵沟。

请把麻皮蝽和它的家族准确连线

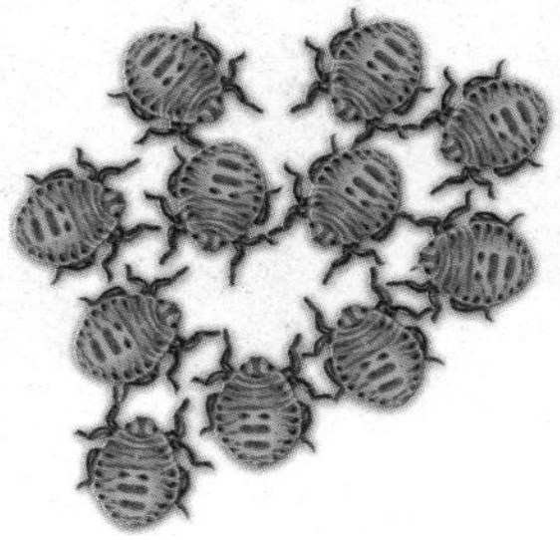

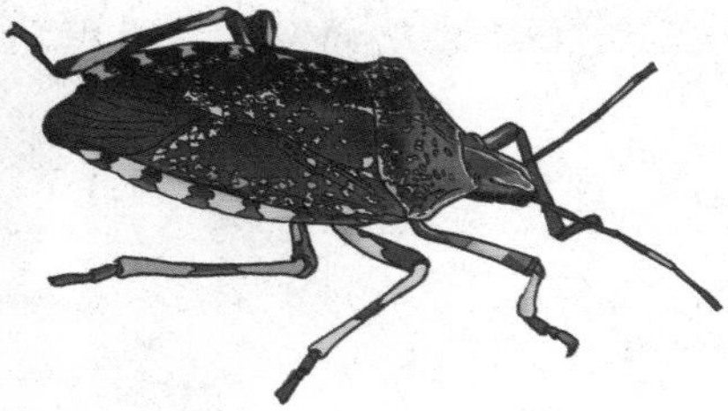

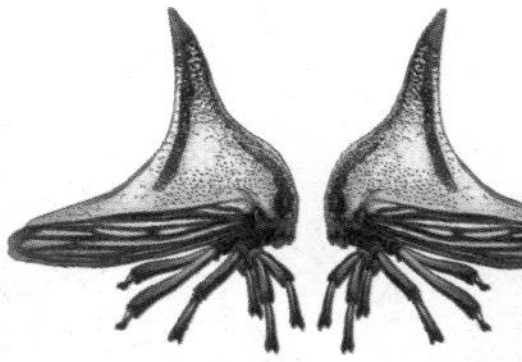

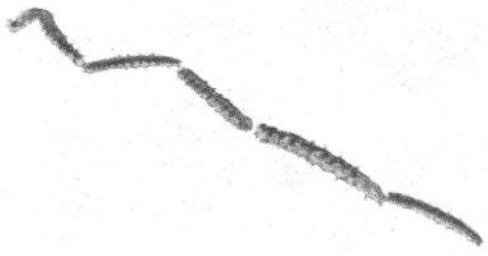

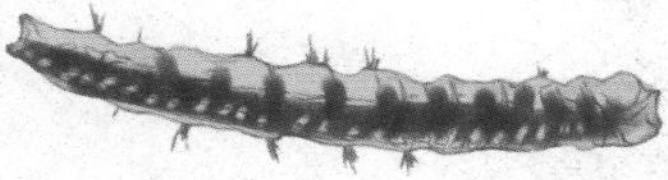

尾部带镰刀的蠼螋

观察笔记

食物： 土蚕、棉蚜等害虫，某些植物

居住地： 地下或枯枝烂叶内，树皮缝隙中

蠼螋（qúsōu）又被称为“剪刀虫”，雌虫在产卵后会像鸟类一样伏在虫卵上等待孵化。蠼螋在遇到敌害的时候会分泌一种特殊的臭气驱赶敌人。蠼螋的那双大而弯的镰刀状尾夹也是御敌的绝佳武器。当受到惊吓时，它们会反举腹部，张开两个大夹子威吓敌害。如果敌害太过强劲，蠼螋就会装死以逃避危险。

在蠼螋的世界中，雄蠼螋和雌蠼螋的家族分工是不同的，母亲尽职尽责，父亲却是个游手好闲的懒惰鬼。

雄蠼螋在求偶的时候会使用尾夹向雌蠼螋发出爱的讯息，但是，雄蠼螋一旦成功交尾之后，便会毫无顾忌地离开，不会有任何照顾后代的行为。跟雌蠼螋比起来，简直是天壤之别。

蠼螋交尾之后，会找到一个合适的巢穴产下几十粒卵。之后，就是蠼螋和它的几十个孩子一起生活了。蠼螋可以说是一个非常称职的母亲，它会守在巢穴中保护卵的安全。一旦卵孵化后，蠼螋会继续坚持照顾幼虫。它每天都会为儿女们外出觅食，精心地照料它们成长。而这些刚出世不久的幼虫也会一直围绕在母亲的身边，在其周围玩耍。一直等到这些幼虫长大后，蠼螋才允许它们离开巢穴，独立谋生。

蠼螋身体构造

触角

呈丝状，不长，但很灵活。

口器

咀嚼式。

复眼

头上有一对儿圆圆的复眼，很小，有一少部分蠼螋的复眼已经退化。

胸部

前胸上有背板，下面长有2对儿足和前翅。

腹部

腹部的第3、4节有腺褶，能分泌特殊的臭气来驱赶敌人。

翅膀

后翅较大，呈扇形或略呈圆形，休息时会把后翅纵横折叠在前翅下。

请把蠼螋和它的家族准确连线

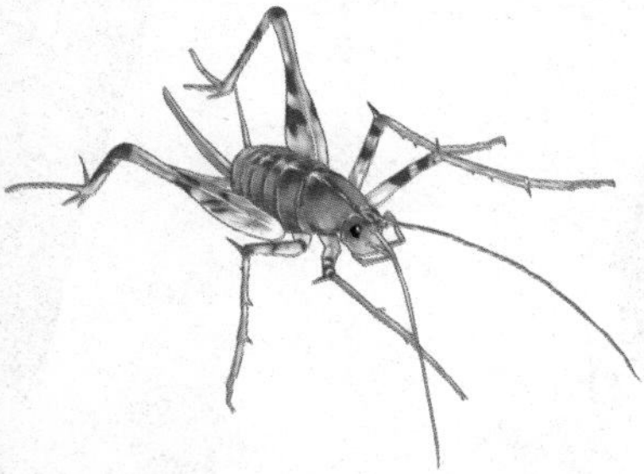

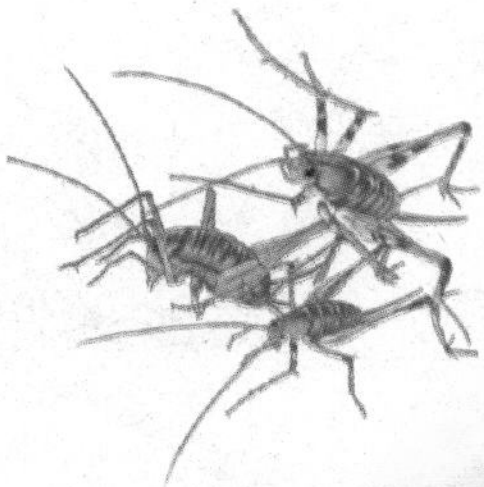

集体越冬的瓢虫

观察笔记

食物：蚜虫，某些植物

居住地：冬天在树皮下面、墙缝里，春、夏、秋在植物上

瓢虫有坚硬的外壳，身体看上去呈半个圆球状。它们有高超的飞行本领，在花园里自由地飞翔。瓢虫的幼虫和成虫受到刺激时会分泌一种有强烈刺激性气味的黄色液体，借以驱散敌害。一旦敌人太过强劲，它就会把脚收缩到肚子底下，装死瞒过敌人。

瓢虫的种类很多，常见的有七星瓢虫、二星瓢虫、大红瓢虫等。因为其身体长得有点像葫芦瓢，所以被叫作瓢虫。我国有的地区也管瓢虫叫“花大姐”。

在春天至秋天，我们经常会在植物上看到觅食栖息的瓢虫。而到了冬天，瓢虫就会群集在一起度过。瓢虫通常会选择背风向阳的缝隙越冬，比如树缝、树洞、石洞、篱笆等处。

异色瓢虫的群集越冬习性要比其他种类的瓢虫更加明显，它们要么排成一片，要么堆积成团，开始进入休眠状态。休眠时，它们不吃东西，一动不动。

瓢虫冬眠的洞穴里的虫体数目不一，少的几十只，多的上万只。如果越冬时居住的这些石洞或石缝第二年保存完好的话，那么它们还会在这里冬眠。

瓢虫身体构造

触角

长在头部，比较短，是瓢虫的嗅觉、听觉感受器。

翅膀

细小精致，鞘翅呈橘红色，上面有斑点。

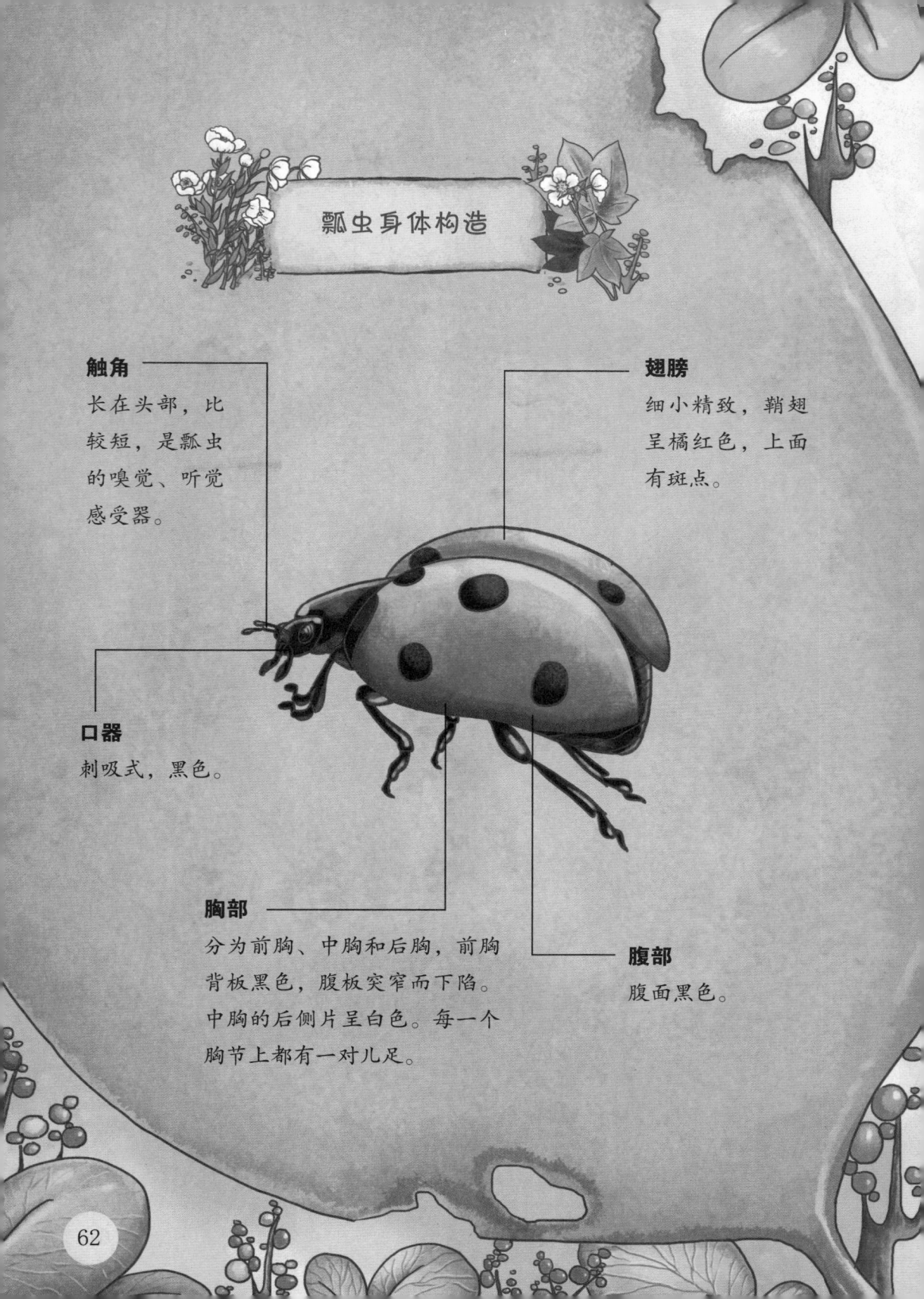

口器

刺吸式，黑色。

胸部

分为前胸、中胸和后胸，前胸背板黑色，腹板突窄而下陷。中胸的后侧片呈白色。每一个胸节上都有一对儿足。

腹部

腹面黑色。

请把瓢虫和它的家族准确连线

猖獗的
东亚飞蝗

观察笔记

食物：小麦、玉米、棉花、大豆、蔬菜等植物

居住地：地势低洼、易涝易旱或水位不稳定的海滩或湖滩

东亚飞蝗是迁飞性、杂食性的害虫，是蝗虫的一种。它们身体的颜色多呈黄褐色，雄虫在交尾期呈鲜艳的黄色。它们常常通过弹跳来避开天敌的进攻。此外，它们的胫骨上还有尖锐的锯刺，这是自我保护的有力武器。

蝗虫中大部分种类都是农林虫害，而飞蝗更是人们谈之色变的“蝗中之王”。飞蝗共有三种，东亚飞蝗就是其中的一种。

东亚飞蝗的成虫和若虫都会咬食植物的叶片和茎秆，当成群的东亚飞蝗飞过农田时，大片的农作物都会被吃得只剩光秆。我国曾发生过几百次的蝗灾，罪魁祸首基本上都是东亚飞蝗。

人们通常见到的都是散居的蝗虫，当一个地方聚集的蝗虫增多时，它们就会变成群居，一大群聚集在一起觅食、活动。群居的飞蝗会远距离迁飞，迁飞时，它们会在空中停留1至3天。

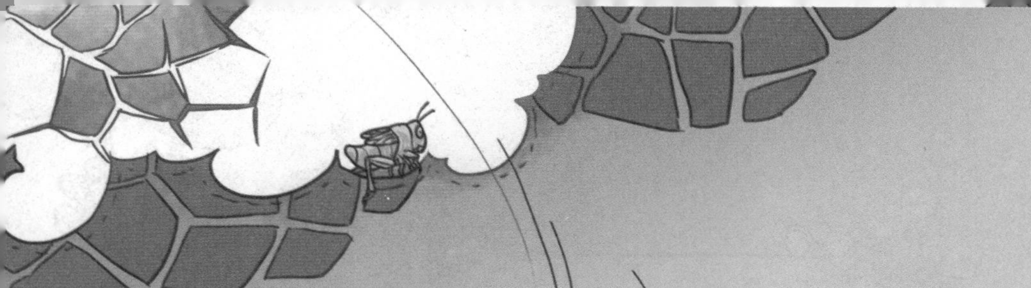

群居的飞蝗活动能力很强。它们喜欢那些地势低洼、易涝易旱的地方，遇到干旱的年份，原本淹没在水下的地面逐渐裸露出来，这为蝗虫繁殖后代提供了良好的环境，它们就在这些地方产卵繁殖，所以，干旱的年份最容易发生蝗灾。一般情况下，飞蝗的食物是玉米等禾本科作物和杂草，但是当它们的数量增多到一定程度时，这些作物就不够它们吃了，饥饿的飞蝗也会取食大豆等作物。因此，蝗灾的危害是相当大的。

东亚飞蝗身体构造

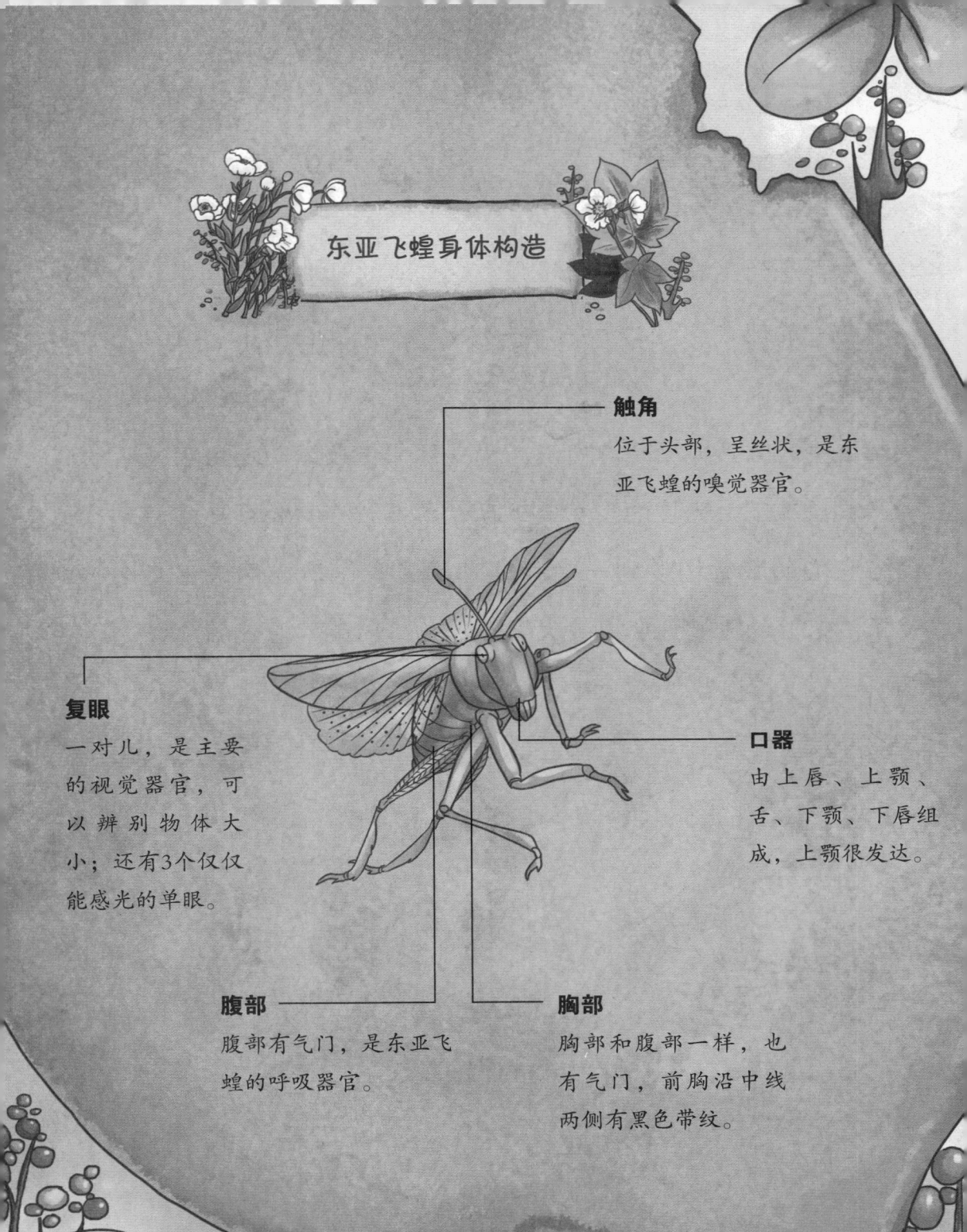

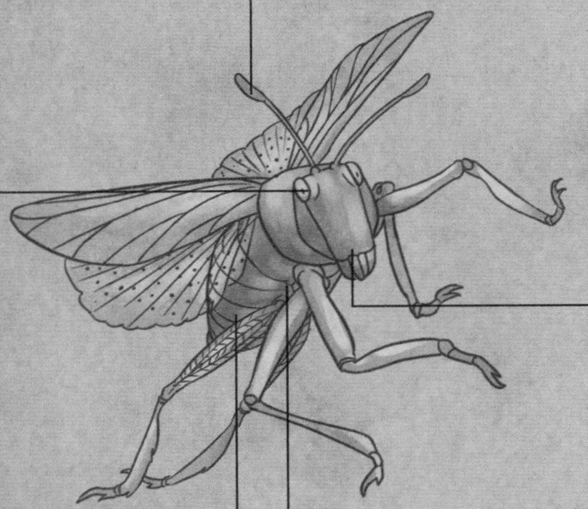

触角

位于头部，呈丝状，是东亚飞蝗的嗅觉器官。

复眼

一对儿，是主要的视觉器官，可以辨别物体大小；还有3个仅仅能感光的单眼。

口器

由上唇、上颚、舌、下颚、下唇组成，上颚很发达。

腹部

腹部有气门，是东亚飞蝗的呼吸器官。

胸部

胸部和腹部一样，也有气门，前胸沿中线两侧有黑色带纹。

请把东亚飞蝗和它的家族准确连线

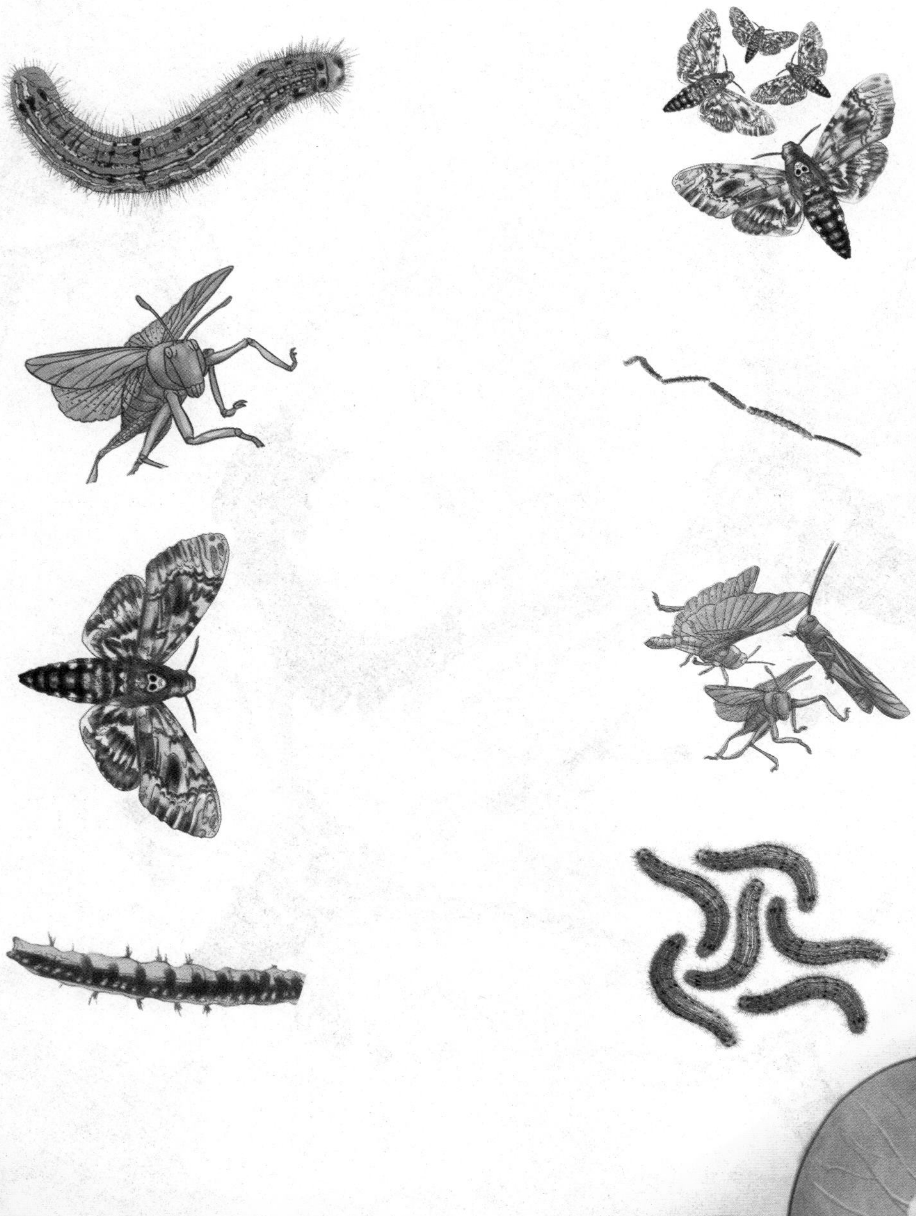

终生追逐光明的
灯蛾

观察笔记

食物：玉米、谷子、高粱、棉花等植物

居住地：植株上

灯蛾的身体和翅膀均为白色，成虫昼伏夜出，有趋光性。我们在生活中见到的“飞蛾扑火”现象就是这种趋光性的体现。灯蛾常常危害农作物和森林植物。

灯蛾的一生可以分为四个阶段：卵、幼虫、蛹、蛾。刚孵化出来的幼虫会成群结队地聚集在一起，幼虫主要危害植物的叶片。

等到灯蛾三龄以后，它们就会逐渐脱离原来的大家族，开始分散活动。

这一时期的灯蛾食量逐渐增大，爬行速度变快。当你碰触它们的身体时，它们为自保会立刻坠地装死，蜷缩成一团。

灯蛾的成虫白天基本不出来活动，夜晚才是它们的天堂，但是它们有趋光性，会捕捉黑夜中的光亮。

灯蛾和其他昆虫的关系也比较融洽，常常和菜青虫、菜蛾等同时在一株植株上生活，共同觅食，不会因为别人抢了它的食物而打架。

灯蛾身体构造

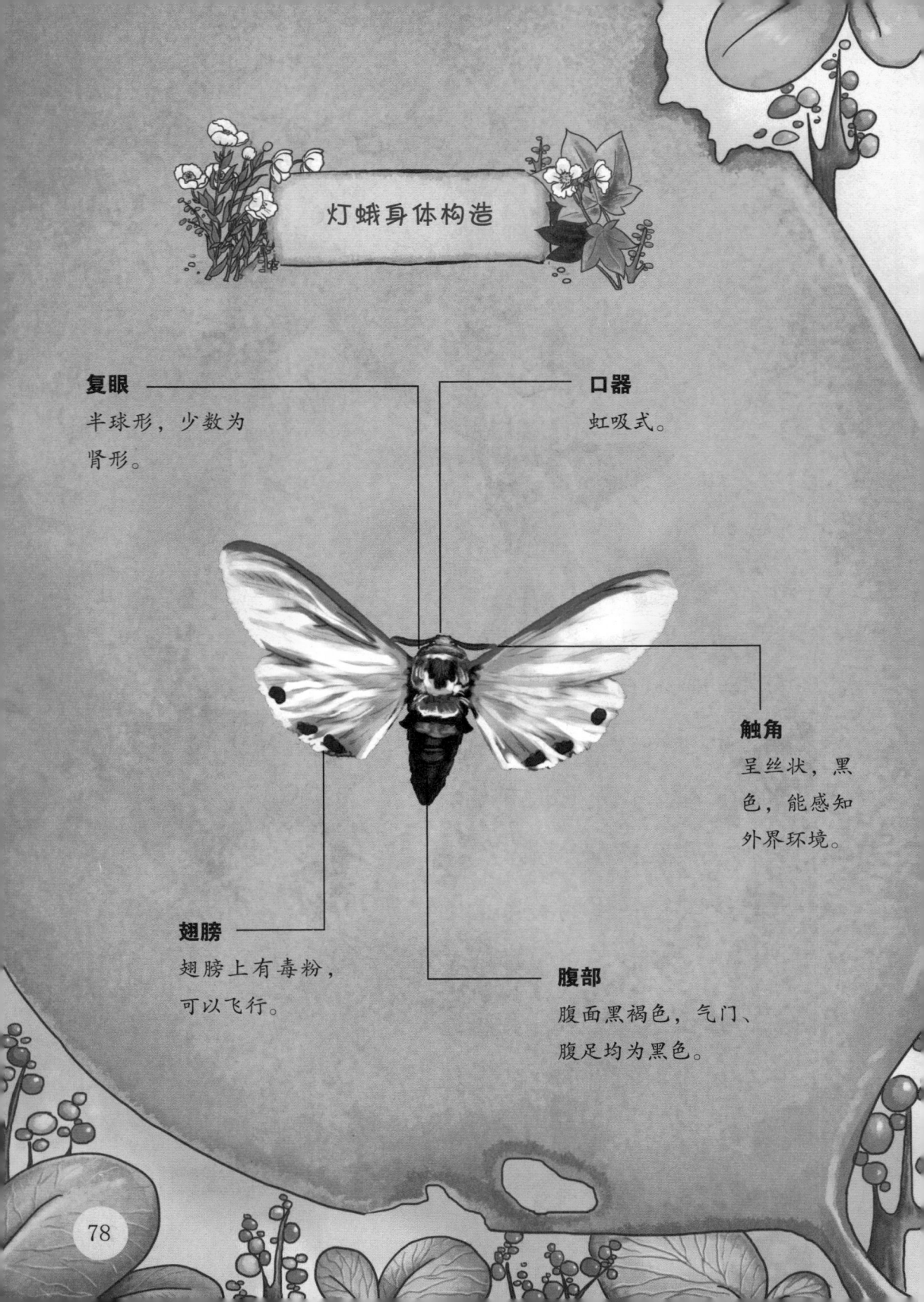

复眼
半球形，少数为肾形。
口器
虹吸式。
触角
呈丝状，黑色，能感知外界环境。
翅膀
翅膀上有毒粉，可以飞行。
腹部
腹面黑褐色，气门、腹足均为黑色。

请把灯蛾和它的家族准确连线

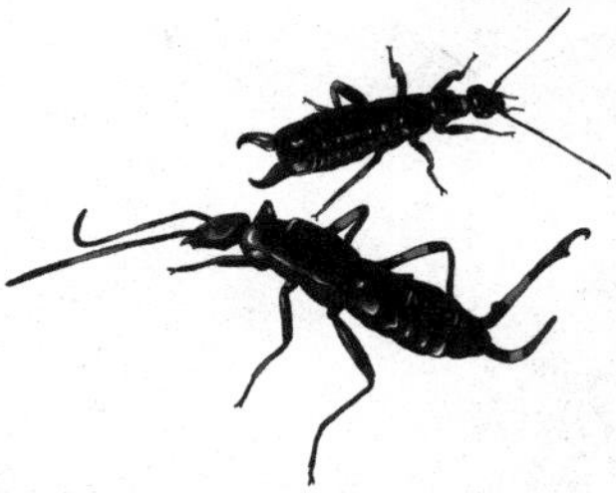

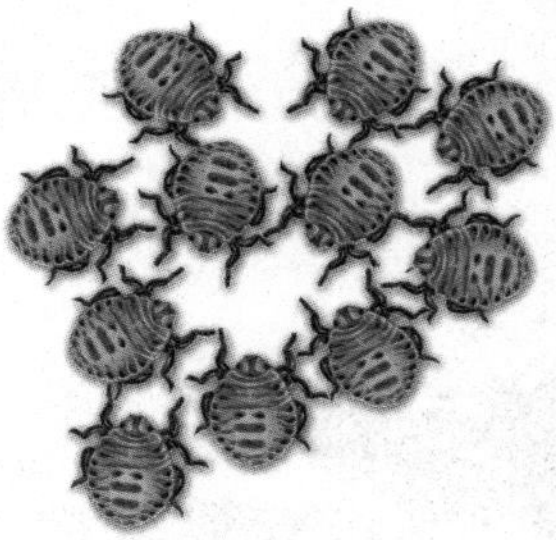

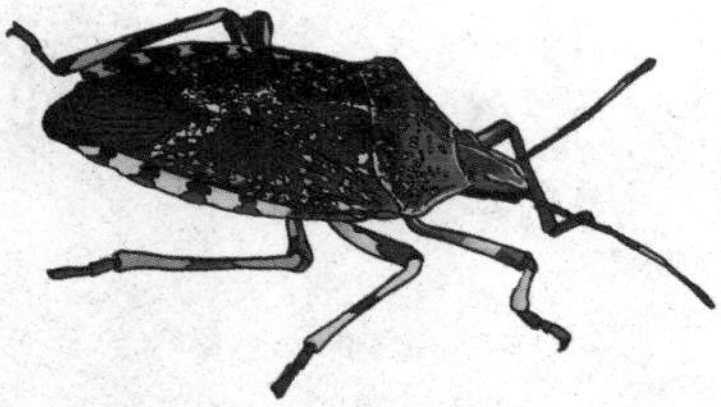

叫声奇特的鬼脸天蛾

观察笔记

食物：幼虫喜食马铃薯、颠茄和植物的叶子；成虫喜食蜂蜜

居住地：植物上

鬼脸天蛾成虫的背部有骷髅形的斑纹，这一显著的特征使它很容易就能被辨认出来，如果它们停在相似的环境中，猛地一看能吓人一跳。当它们受到惊吓时，会发出“吱吱”的叫声。

鬼脸天蛾每年生产一代，常常以蛹的形态过冬，成虫会在次年的七八月份出现。

鬼脸天蛾是群居性的昆虫，白天它们会停歇在跟自身颜色相近的树干上，靠这样的保护色，它们能轻易地躲开敌害的袭击。晚上，它们喜欢聚集在有光亮的地方。

鬼脸天蛾受到惊扰的时候会在地面上飞跳，并发出“吱吱”的叫声，警告其他同类躲

避危险。它们还会利用这种独特的叫声一起来表演“口技”，迷惑守卫蜂巢的蜜蜂，从而偷取它们喜欢吃的蜂蜜。

鬼脸天蛾身体构造

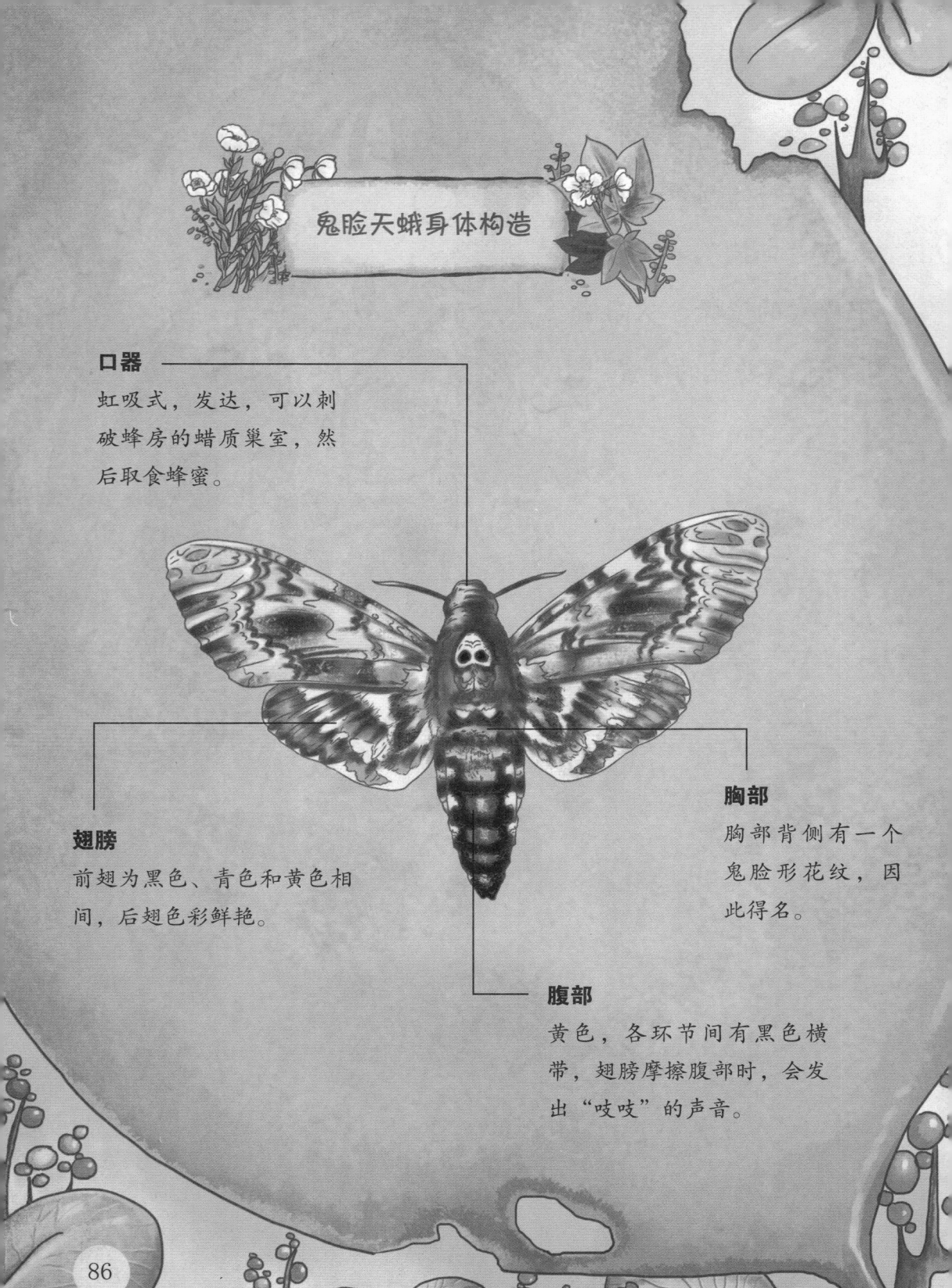

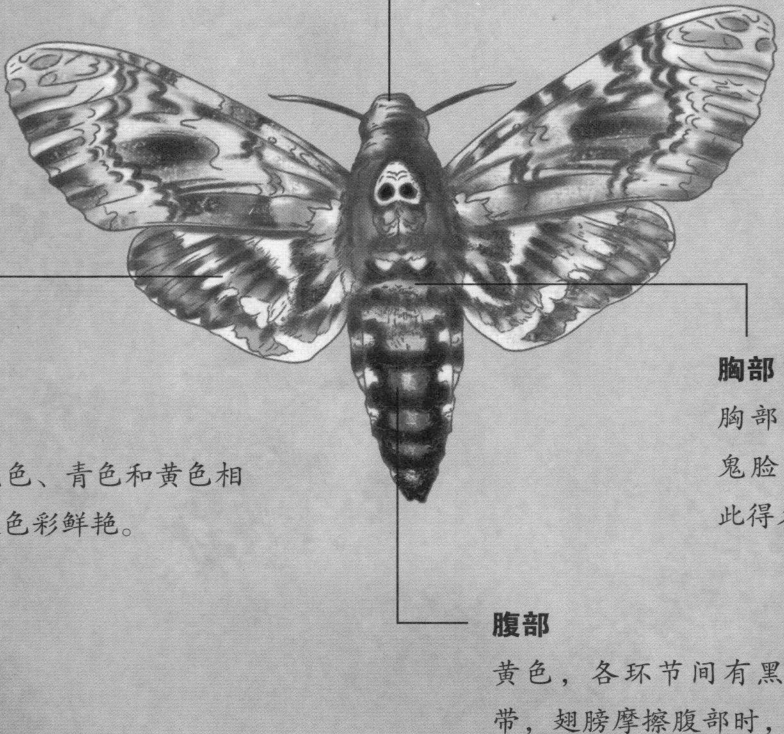

口器

虹吸式，发达，可以刺破蜂房的蜡质巢室，然后取食蜂蜜。

翅膀

前翅为黑色、青色和黄色相间，后翅色彩鲜艳。

胸部

胸部背侧有一个鬼脸形花纹，因此得名。

腹部

黄色，各环节间有黑色横带，翅膀摩擦腹部时，会发出“吱吱”的声音。

请把鬼脸天蛾和它的家族准确连线

你认识
圣甲虫吗

观察笔记

食物：动物粪便

居住地：地下土穴中

大家可能对“圣甲虫”这个名字很陌生，其实，圣甲虫就是我们在生活中常见的屎壳郎。一般来说，只要有动物粪便的地方，就能发现它们的身影。在古埃及，圣甲虫还被人们视为图腾之物呢。

圣甲虫是天生的垃圾清除者，每天它们都会清除掉无数的粪便。对于圣甲虫来说，没有一种粪便是废物。

当遇到粪便时，无数的圣甲虫便聚集在一起，十几分钟就能把粪便瓜分干净。非洲的科学家曾目睹在一堆大象的粪便上，趴着上万只圣甲虫。两小时后，等他们返回原地时发现粪便消失得无影无踪。圣甲虫一旦发现哺乳动物的粪便，就会蜂拥而至，开始残酷而激烈的资源争夺战。每一只圣甲虫都很贪心，想带走最大的粪球。当它们在为这团粪便争抢得难分难解的时候，也是它们最危险的时候，那些躲在暗处的天敌们也在伺机而动。

一些鸟类、猫鼬等动物都在四处徘徊，它们也想借此大好的机会饱餐一顿，因为这么多的圣甲虫聚集在一起实在是太壮观了。

圣甲虫身体构造

复眼

一对儿，复眼之间有一个光亮的、没有褶皱的区域。

口器

咀嚼式，颚不是很强壮。

触角

一对儿触角非常小，呈鳃叶状。

头部

较小，前端就像是一个扇面，表面是鱼鳞状的，中间有一个方形的凸起。

胸部

比较强壮，表面光滑，下面有一些黄褐色或者红褐色的纤毛。

腹部

比较大，占到身体的一半左右，翅膀将整个腹部盖住。

翅膀

前翅有球形的隆起，布满了密密麻麻的刻纹，每个翅膀上有7条竖线。后翅完全被前翅盖住，呈黄色或者棕黄色。

请把甲虫和它的家族准确连线

“国宝”

中华虎凤蝶

观察笔记

食物：花蜜

居住地：低洼沼泽地段的枯草丛中

中华虎凤蝶是中国特有的一种野生蝶，因其独特性而被昆虫专家誉为“国宝”。中华虎凤蝶身上覆盖着艳丽的斑纹，这样的色彩和条纹能够帮助它们很好地在枯草里藏身，不被天敌发现。

中华虎凤蝶有群居的习性，当它们孵出来以后就会全部聚集在卵壳的附近，第二天就会在叶面背部共同进食，它们喜欢吃杜衡（héng）的叶片。

当清晨的第一缕阳光照射到它们身上的时候，中华虎凤蝶幼虫们就开始进食了。它们整齐地爬到叶片边缘去进食，啃食叶片，十分有规律，从没出现过混乱的现象。

到了晚上，它们就会集体挤在树叶背面休息。幼虫们在第一次蜕皮之前，都是比较安静的。除了进食和休息，它们一般不会到处活动，也从不离开叶片。如果遇到阴雨天，它们就会聚集在空卵壳的附近。

中华虎凤蝶幼虫受到惊扰时会放出臭气，如果触碰到了它们的话，它们会立刻装死，掉到地上，等危险过了，它们便会爬回原处。

中华虎凤蝶身体构造

翅膀

黄色并具有黑色横条纹，和虎斑比较相似，这也是它和其他蝴蝶的区别。

复眼

有6个单眼，呈黑色，且光亮。

口器

虹吸式。

腹部

每一腹节的后缘侧面都有一道细长的白色纹。

胸部

第一胸节背面有一枚分叉的橙色臭角，会在它们感到危险的时候伸出来，放出臭气来赶走敌害。

请把中华虎凤蝶和它的家族准确连线

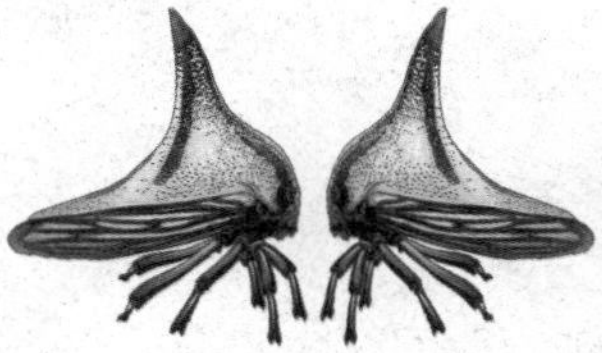

富有母爱的
足丝蚁

观察笔记

食物：枯死的植物

居住地：石下，洞穴中

足丝蚁的身体呈淡褐色或深褐色，细长而柔软。它的头扁扁的，活动自如。足丝蚁的个头儿大小不一，大的比花生米还大，小的只有芝麻般大。少数足丝蚁的身体表面有金属般的光泽。

足丝蚁喜欢群居于树干和石头下面的丝状隧道中，也有生活在地衣和苔藓中的，还有栖息在白蚁巢中的。足丝蚁的前足有纺丝腺，能分泌丝状物，然后结成丝管，生活在里面。

足丝蚁天生喜欢过“隐逸”的生活，白天羞于见人，晚上才出来活动。它们特别喜欢吃死亡的杂草叶。

足丝蚁群是一个大家族，它们的足迹遍布全球各地。群体内部有明确的分工。同种个体间能互相帮助，共同照看幼体。

足丝蚁的卵是成群产出的，雌蚁对卵和幼虫都具有同样的母爱特性，每一只雌蚁都非常乐意做这些卵的母亲。雌蚁会亲自照看下一代，从卵产出、孵化到长成幼体，然后逐渐成熟，雌蚁都非常尽心尽责。除了抚育后代以外，足丝蚁还要筑巢、觅食，可以说足丝蚁是蚁族中最勤劳的一类了。

足丝蚁身体构造

触角
呈膝状。
口器
咀嚼式，颚发达，便于咀嚼食物。
复眼
雌虫复眼小，雄虫复眼发达，呈肾形。
腹部
腹部与胸部几乎等长。
足
前足呈梳状，可以用来梳理触角。
翅膀
雌虫无翅，雄虫有翅但不善飞翔。2翅狭长，前后翅的形状相同，但后翅较小。

请把足丝蚁和它的家族准确连线

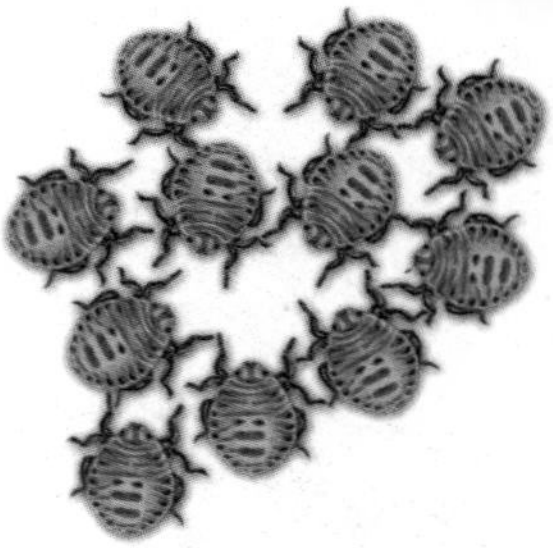

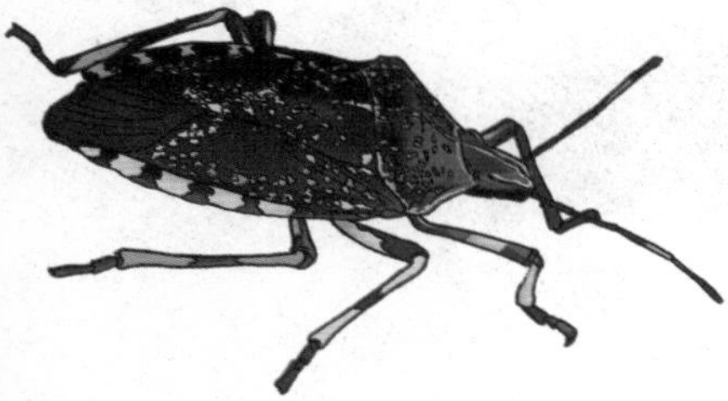

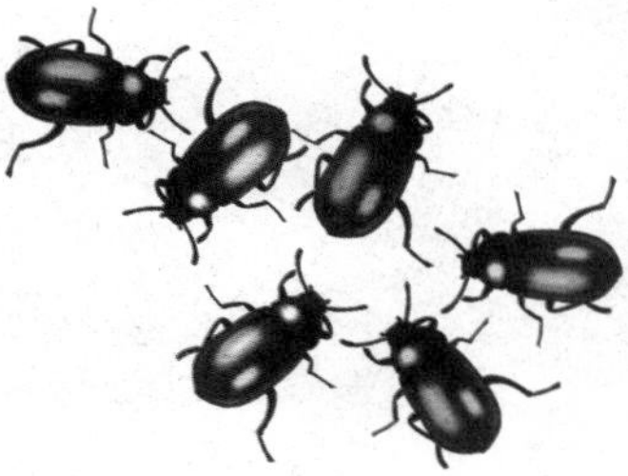

土里来土里去的

地鳖

观察笔记

食物：菜叶，谷物

居住地：阴暗、湿润、疏松的土中

地鳖（biē）身体呈卵圆形，腹面是红棕色的。头藏在胸部下面，身体有毛。雄性有翅膀，雌性没有。地鳖常在住宅墙根的土内活动，身体有腥臭味。可入药。

地鳖喜欢安静、阴湿的环境，它们活泼好动，喜欢到处爬来爬去，害怕光和震动。

白天它们常常躲在山野的腐烂的树根烂草以及屋内的墙脚、杂物堆等阴湿松土中。

等到了晚上，地鳖们就集体出来活动，在松软的土中钻行。

每年的七月份是它们最为活跃的时间，但是，在温暖的南方它们长年都可活动。

地鳖的冬眠温度比较高，一般当气温低于10℃的时候它们就开始冬眠。到第二年的清明前后，气温回升，它们就又焕发活力，在土里钻来钻去了。

地鳖身体构造

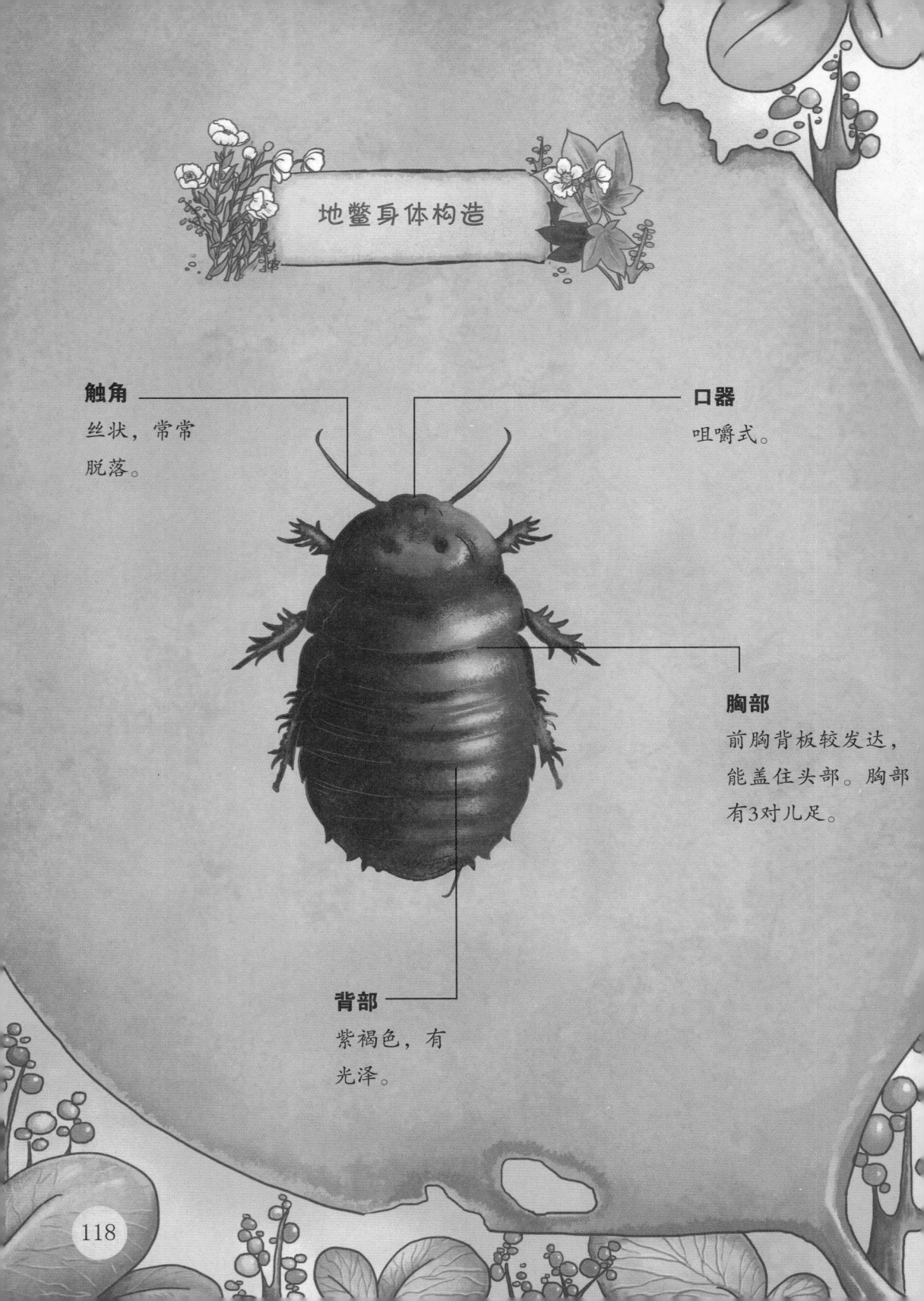

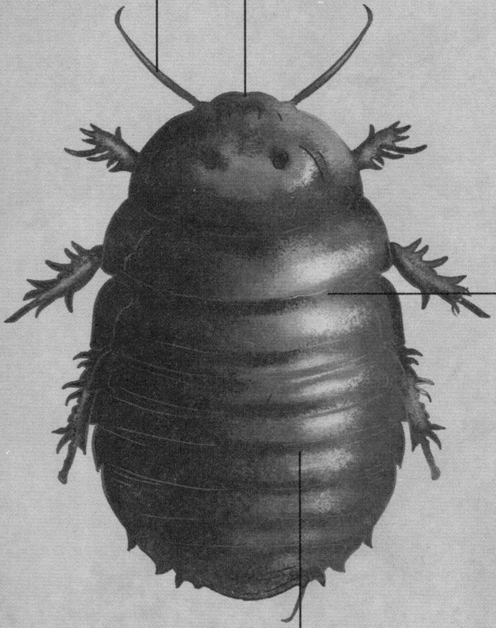

触角
丝状，常常脱落。
口器
咀嚼式。
胸部
前胸背板较发达，能盖住头部。胸部有3对儿足。
背部
紫褐色，有光泽。

请把地鳖和它的家族准确连线

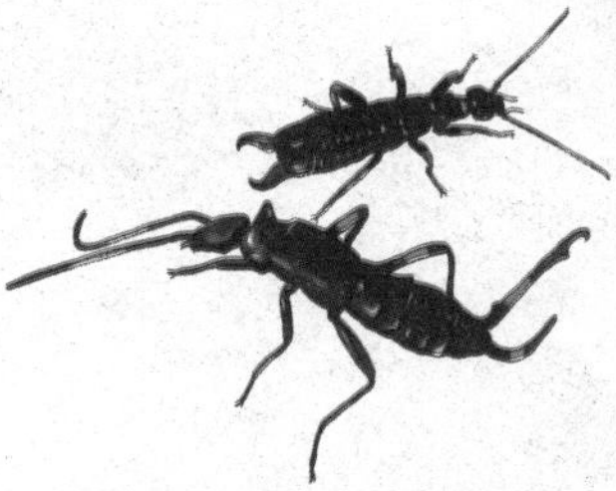

天幕毛虫的
温暖家园

观察笔记

食物：树叶

居住地：果树上，林木中

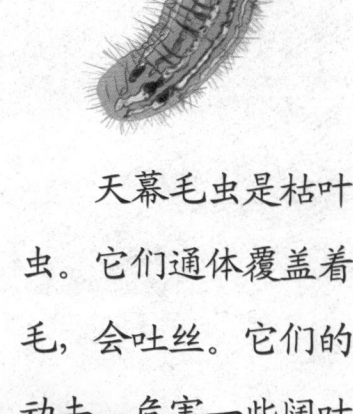

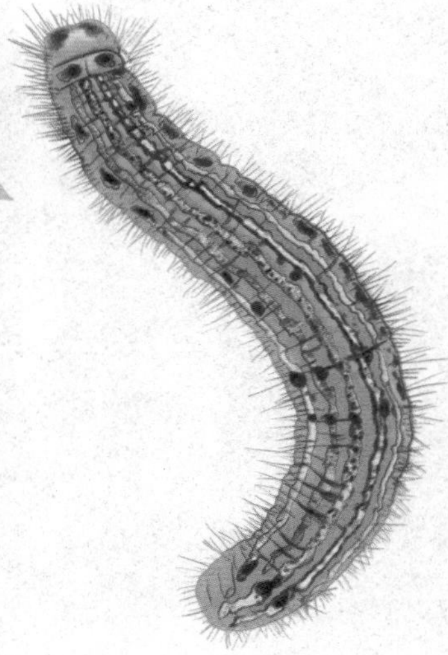

天幕毛虫是枯叶蛾科天幕毛虫属的幼虫。它们通体覆盖着鲜艳的颜色，体表有毛，会吐丝。它们的性格活泼，喜欢动来动去，危害一些阔叶树。最常见的种类是东方天幕毛虫，它们的破坏性也最大。

天幕毛虫的幼虫有群聚结巢的习性。它们常常会群聚在卵块附近的小树枝上，在树杈处吐丝结网，形成一个天幕状的巢，这种昆虫也因此得名“天幕毛虫”。

天幕毛虫的幼虫独立性差，它们要依靠集体的力量才能生存下去。它们的巢穴——“天幕”，为它们提供了安全及生存的保障。

毛虫依靠温暖的“天幕”而生，“天幕”又使它们免遭天敌的毒手。另外它们还可以从“天幕”中得到信息，跟随大部队去寻找食物，这样它们就不用挨饿了。

白天的时候，天幕毛虫的幼虫会集体潜伏在巢内，等到晚上的时候才出来觅食。

幼虫的一切日常生活几乎都是在“天幕”里完成的，它们还会在丝网上蜕皮，等它们接近老熟的时候才会开始分散活动。老熟的幼虫食量很大，在很短的时间就会蚕食掉一整棵树。

天幕毛虫身体构造

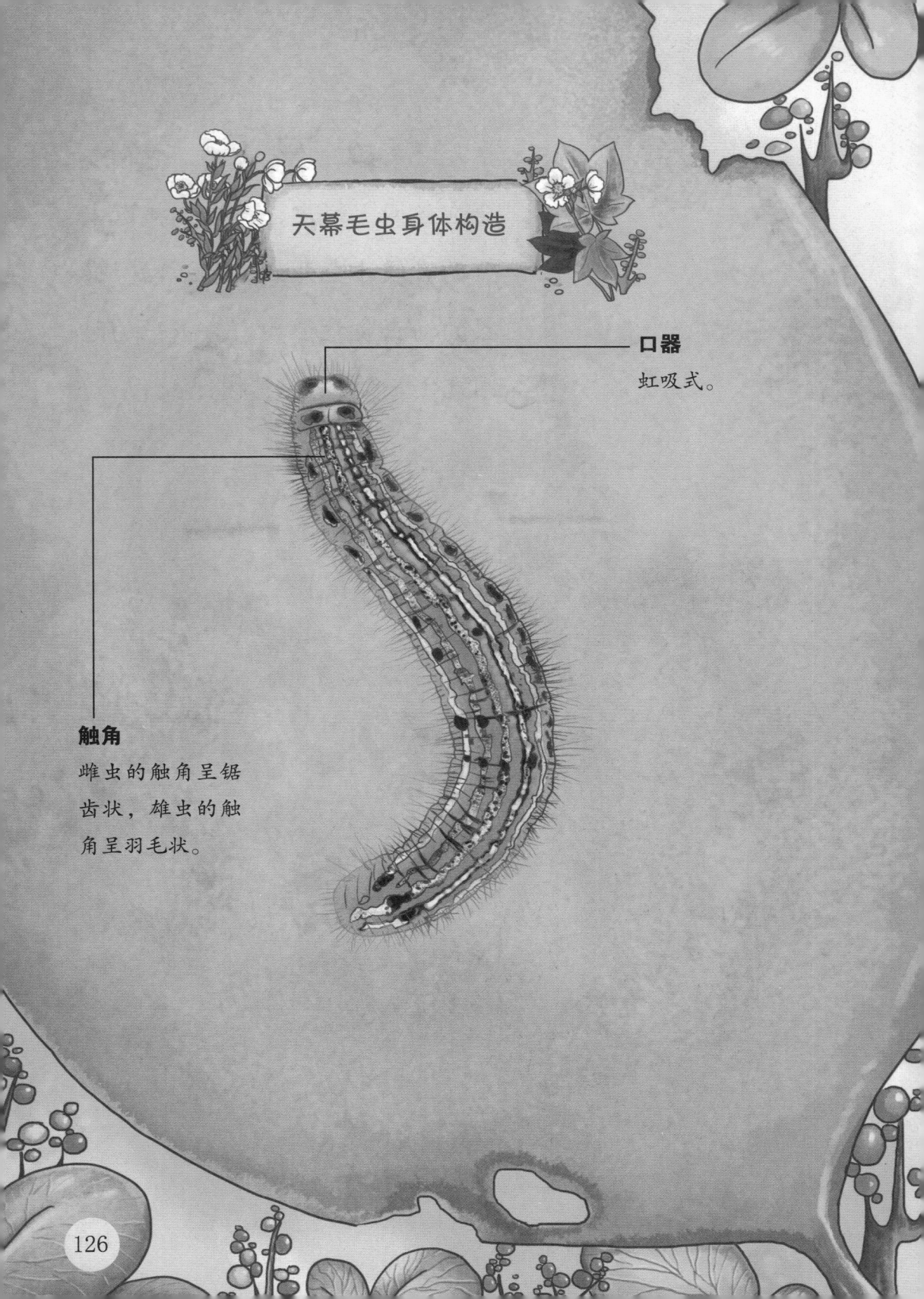

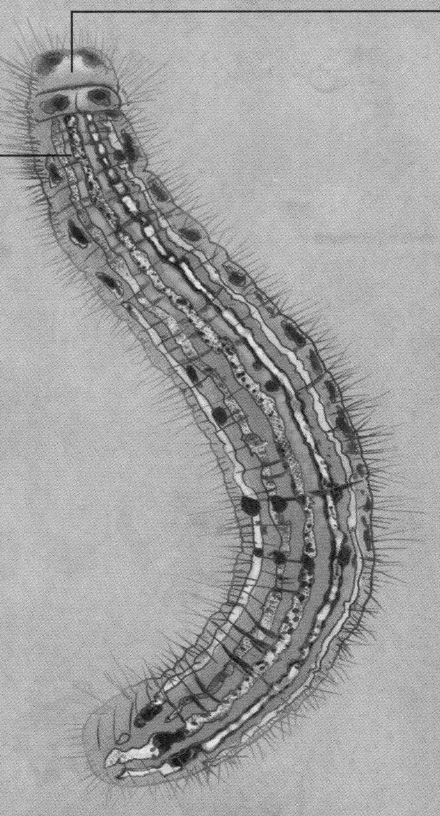

口器
虹吸式。
触角
雌虫的触角呈锯齿状，雄虫的触角呈羽毛状。

请把天幕毛虫和它的家族准确连线

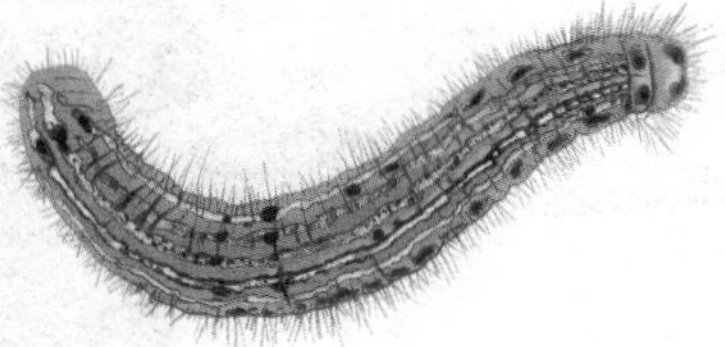

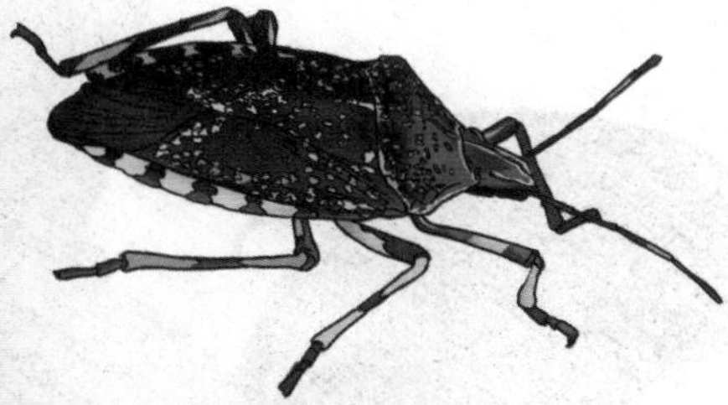

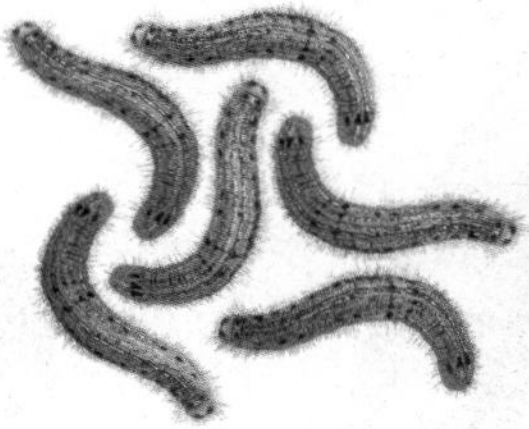

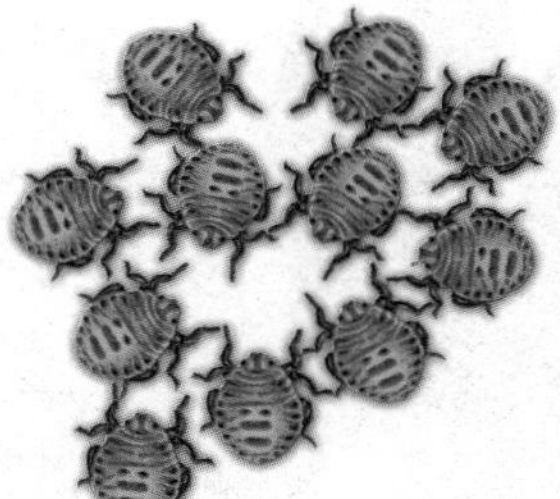

小小的黏虫危害大

观察笔记

食物：农作物叶片，牧草叶

居住地：农作物和牧草的叶片上

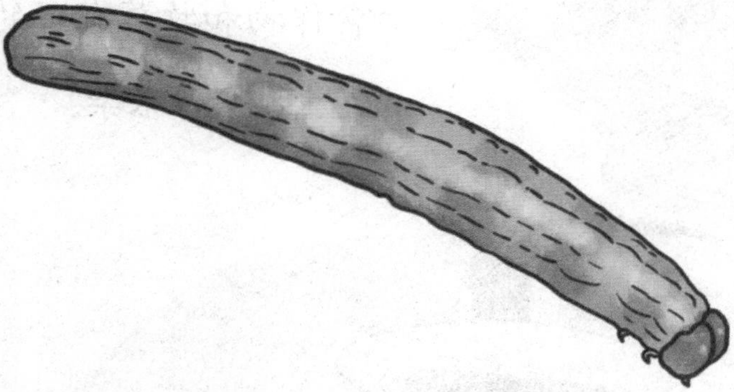

黏虫是一种危害粮食作物和牧草的害虫，在全国各地均有分布。黏虫喜欢群居在一起。当它们成群结队迁移时，会对农作物造成巨大的伤害，所到之处绿色作物被掠食一空。

黏虫是一种对粮食作物和牧草有害的昆虫，食性很杂。

黏虫是群居的昆虫，会群体迁移。当它们迁移到某个地方后，这个地方就会爆发虫灾。严重的时候，一棵玉米植株上可以寄生200多只黏虫。这些黏虫分工合作，用不了多长时间，整个植株的叶片都会被吃光，只剩下叶脉。

黏虫昼伏夜出，当遇到敌人的时候，黏虫们会互相“通知”，纷纷从植株上落到地下，一动不动地装死。等风险过后，再爬回植株上。

成虫对糖醋液和黑光灯趋向性强，喜好潮湿的环境，怕高温干旱。

黏虫身体构造

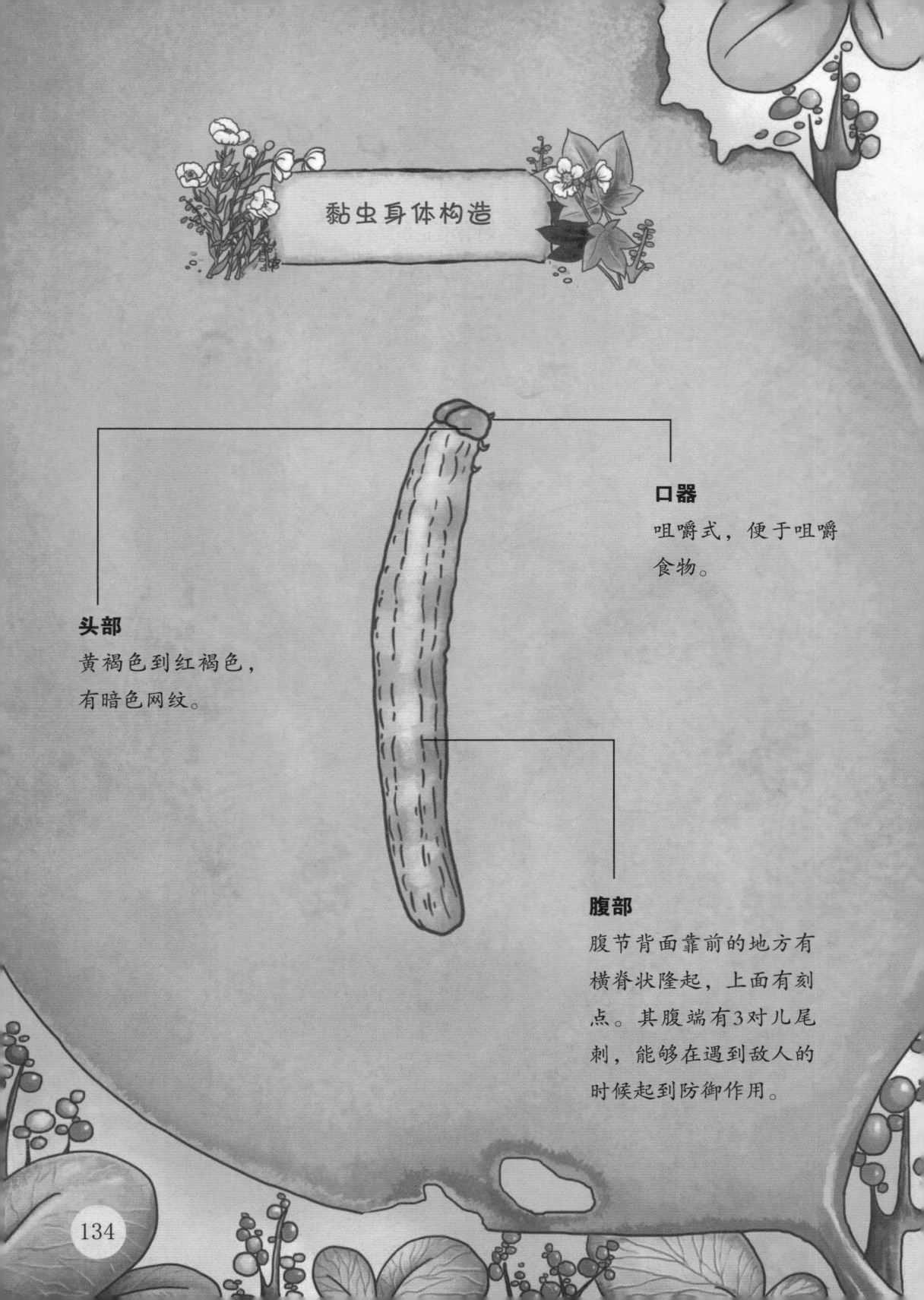

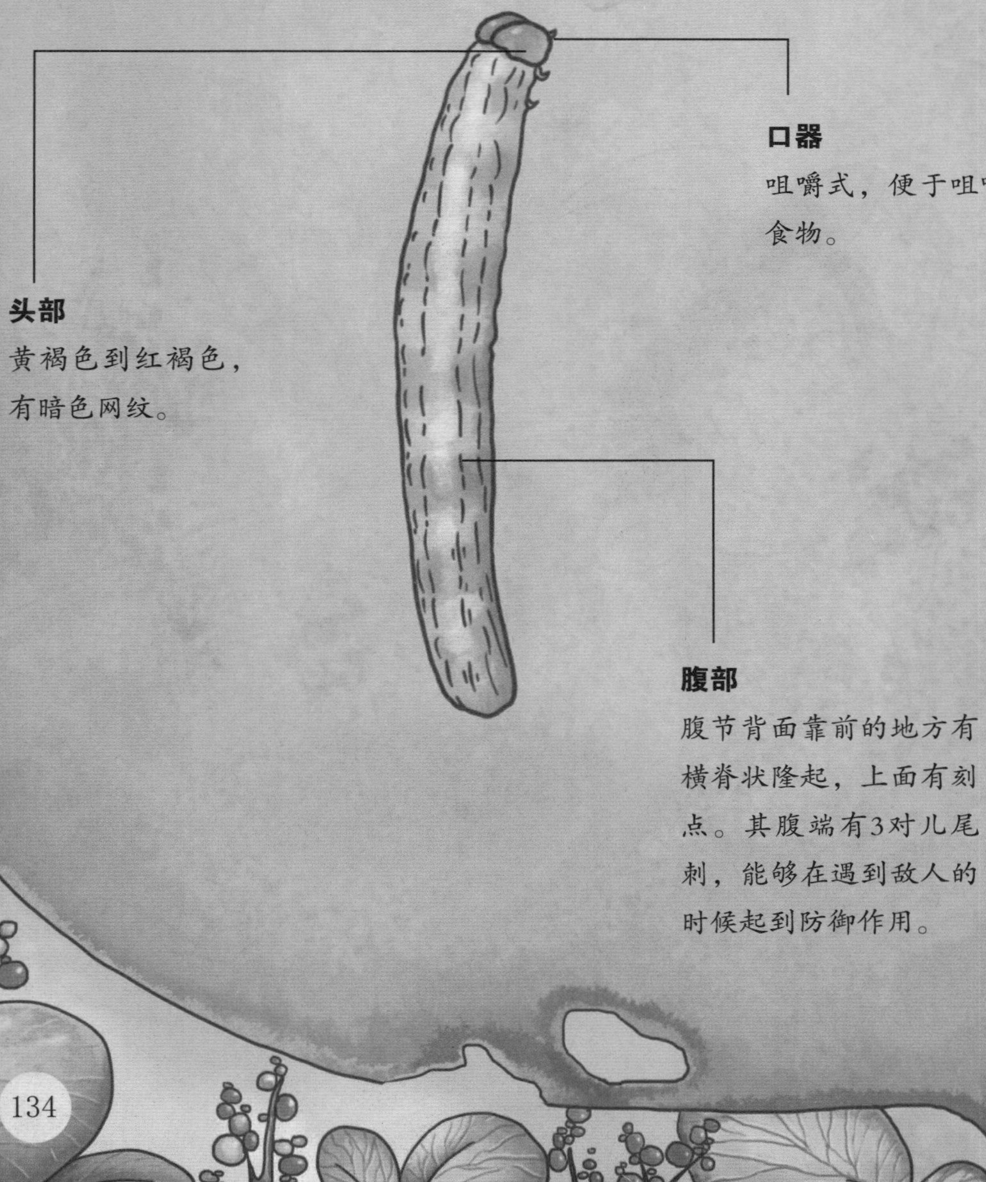

口器
咀嚼式，便于咀嚼食物。
头部
黄褐色到红褐色，有暗色网纹。
腹部
腹节背面靠前的地方有横脊状隆起，上面有刻点。其腹端有3对儿尾刺，能够在遇到敌人的时候起到防御作用。

请把黏虫和它的家族准确连线

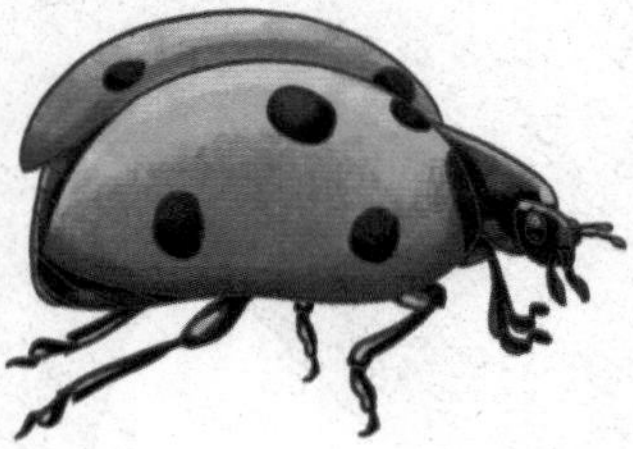

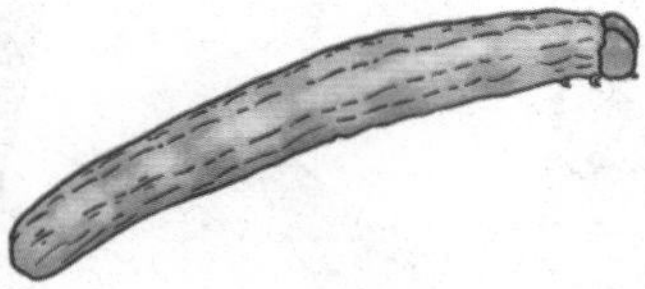

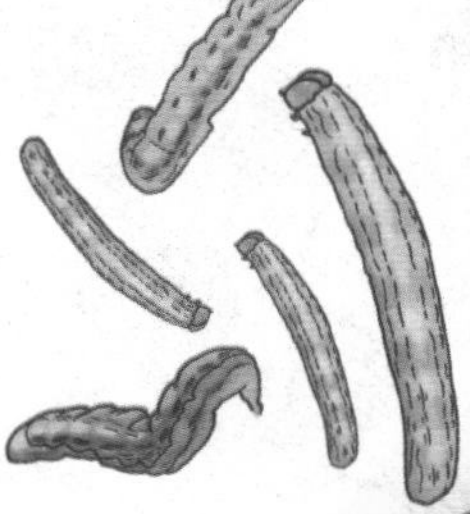

角蝉的障眼法

观察笔记

食物：草、果树的汁液

居住地：树干

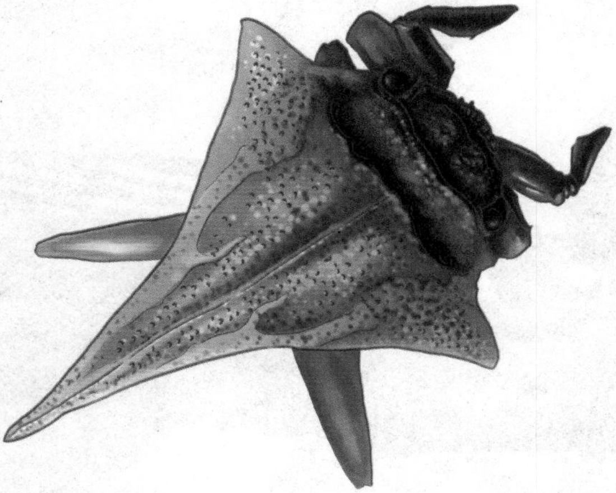

角蝉头上的角格外引人注目，看上去很像一截枯树枝，其实那是躲避敌害的障眼法。它们喜欢成群住在树上。有的时候几个十几个一字排开。它们吸食树的汁液，所以对植物有危害。

角蝉能够分泌蜜露，这种蜜露是蚂蚁幼虫最喜欢吃的食物。因此，在角蝉的周围，我们经常能看到很多蚂蚁幼虫。

角蝉幼虫喜欢群居生活，它们总在一起活动，一起觅食。一旦遇到敌害，彼此之间还会用一种独特的通信方式，发出警告信息。

角蝉长大后一般就独居了，但有时也会在同一根树枝上看到几只甚至十几只角蝉在一起。

它们会按照一定的距离一字排开，乍看上去就好像是小树枝一样。而角蝉也正是利用这种和周围环境融为一体的伪装术，躲避天敌，保护自己。

角蝉身体构造

口器

刺吸式，从头部腹面后方生出，能够吸食植物的汁液。

触角

角长得十分奇特，不是从头骨上长出来的，而是由胸部的前胸背板形成的，这也是角蝉得名的原因。

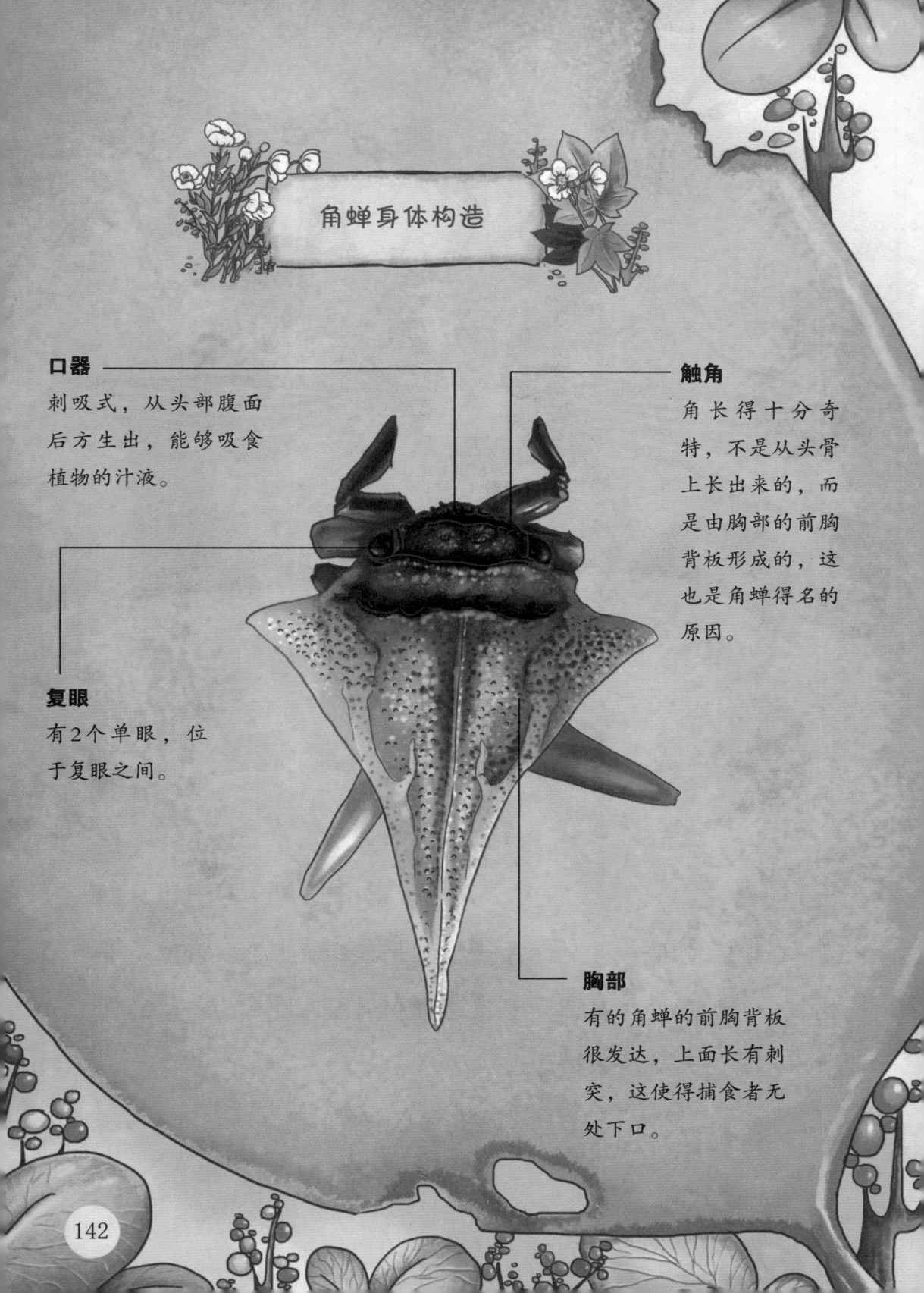

复眼

有2个单眼，位于复眼之间。

胸部

有的角蝉的前胸背板很发达，上面长有刺突，这使得捕食者无处下口。

请把角蝉和它的家族准确连线

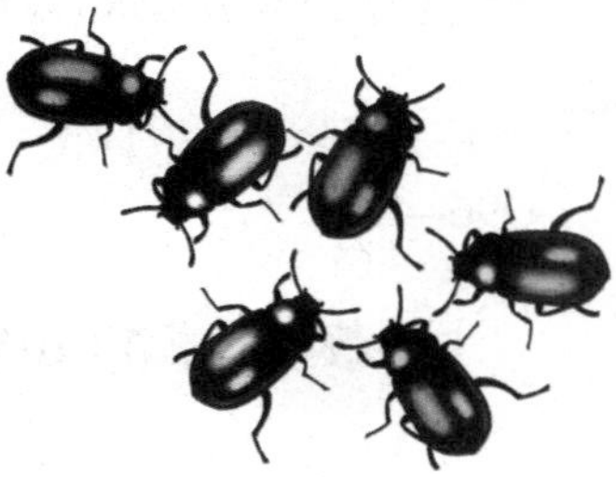

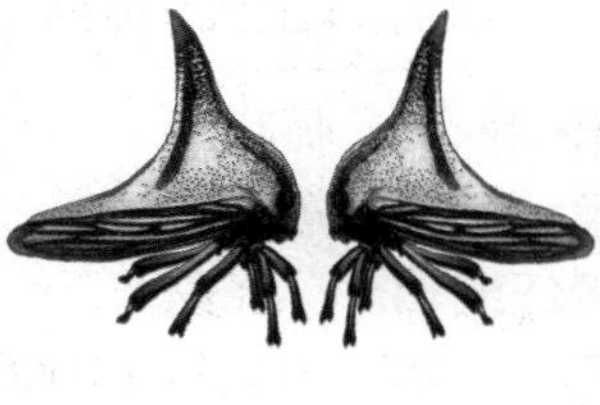

图书在版编目（CIP）数据

昆虫学校秘密档案 . 成群结队大家庭 / 纸上魔方编绘. -- 长春 : 北方妇女儿童出版社, 2020.1（2024.7重印）
ISBN 978-7-5585-2163-8

Ⅰ. ①昆… Ⅱ. ①纸… Ⅲ. ①昆虫－儿童读物 Ⅳ. ①Q96-49

中国版本图书馆CIP数据核字（2018）第019075号

昆虫学校秘密档案·成群结队大家庭
KUNCHONG XUEXIAO MIMI DANG’AN CHENGQUNJIEDUI DA JIATING

出 版 人　师晓晖
策 划 人　陶　然
责任编辑　石晓磊
开　　本　700mm × 1000mm　1/16
印　　张　9
字　　数　100千字
版　　次　2020年1月第1版
印　　次　2024年7月第5次印刷
印　　刷　长春人民印业有限公司
出　　版　北方妇女儿童出版社
发　　行　北方妇女儿童出版社
地　　址　长春市福祉大路5788号
电　　话　总编办：0431-81629600　发行科：0431-81629633

定　　价　29.00元